新时代

科技创新新突破

周德进　陈朴◎主编

山东科学技术出版社
·济南·

图书在版编目（CIP）数据

新时代科技创新突破 / 周德进，陈朴主编. --济南：山东科学技术出版社，2022.10
ISBN 978-7-5723-1404-9

Ⅰ. ①新… Ⅱ. ①周… ②陈… Ⅲ. ①科学研究事业-研究-中国 Ⅳ. ①G322

中国版本图书馆CIP数据核字（2022）第185148号

新时代科技创新突破

XINSHIDAI KEJI CHUANGXIN TUPO

策 划 人：赵 猛
责任编辑：杨 磊 光 奎 杨文静
装帧设计：侯 宇

主管单位：山东出版传媒股份有限公司
出 版 者：山东科学技术出版社
地址：济南市市中区舜耕路517号
邮编：250003 电话：（0531）82098088
网址：www.lkj.com.cn
电子邮件：sdkj@sdcbcm.com
发 行 者：山东科学技术出版社
地址：济南市市中区舜耕路517号
邮编：250003 电话：（0531）82098067
印 刷 者：济南新先锋彩印有限公司
地址：济南市工业北路188-6号
邮编：250100 电话：（0531）88615699

规格：大16开（210 mm × 260 mm）
印张：22.25 **字数：**254千
版次：2022年10月第1版 **印次：**2022年10月第1次印刷
定价：198.00元
图片来源：视觉中国、中国科学院等

序

当今世界正经历百年未有之大变局，科技创新是其中一个关键变量，科技是国家强盛之基，创新是民族进步之魂。回溯历史，我们可以发现中华文明的发展历程与科学技术的发展有着深刻的关联。中华民族取得了包括但不限于“四大发明”为代表的辉煌科技成就，在人类文明发展的历程中谱写了光辉灿烂的篇章。然而，近代以来，囿于闭关锁国、因循守旧、列强入侵等诸多因素，中国的科技事业日趋落后。

新中国成立以后，在不同的历史时期，科学技术在党领导的事业中始终具有重要的战略地位，特别是党的十八大以来，党中央通过实施创新驱动发展战略、布局建设世界科技强国等一系列重要举措，我国在科技创新领域取得了众多重大突破。

关注现实，我们也可以深切感受到新一轮科技革命和产业变革正在兴起，全球科技创新面临新的发展态势与现实需求。同时，新型冠状病毒肺炎疫情流行、逆全球化思潮的蔓延、贸易保护主义的兴起等特殊事件又增加了全球政治经济的不确定性；我国在高端装备、先进制程芯片、基础软件等关键核心技术领域与世界先进水平存在明显差距，这又为我国实现高水平科技自立自强、推动国家建设增加了不确定性。在这样的背景下，关注我国科技创新实力、探索科技创新规律、启发科技强国路径，具有深远的历史意义与现实价值。

我国在世界主要科技领域已经占有重要地位，在一些方面形成了较强的竞争优势。《新时代科技创新突破》聚焦党的十八大以来我国取得的一系列重大科技创新突破，具有鲜明的时代特征和典型意义。

第一，本书理论与实践相结合，全面系统地呈现出新时代我国科技创新的态势及其内在动力和外在影响。本书较为系统地回顾中国共产党领导科技事业发展历程和新中国科技发展的不同阶段，同时聚焦新时代我国科技创新的具体问题，分析新时代党和国家建设世界科技强国的方略、我国科技创新取得的主要优势及其深层次原因，进而从理论上探讨科技创新、科技政策、科学技术与社会等问题及其与科技创新成就的内在关联。

第二，本书关注科学技术与国家、社会的关系，遴选出40项具有代表性的新时代中国科技创新突破的重大成果，从案例的建设历程、学术评价、主要突破、科学成果、社会价值以及科学家精神等方面作较为全面的介绍，深化读者的认识，激发读者的民族自豪感和自信心。

第三，本书采取图文并茂的方式直观、全面展示科技创新突破案例的恢弘成就。除了较为详实的文字外，全书收录了200余幅高质量图片，从不同角度、不同细节展现科技成就的面貌及其价值。

《新时代科技创新突破》是结合科技史、科技创新理论、科技政策、科学文化等多学科的综合研究的普及型成果。科技强国之路既需要科学理论的突破与技术的创新，也需要我们从历史中汲取经验，以及在科学创新、科技战略、科学传播等学科的发展来深化对科技创新的理解，营造科学氛围，传播科学文化，弘扬科学精神。

以上感想，是为序。

中国科学院院士 周忠和

2022年9月

CONTENTS

新时代中国科技发展概述

中国共产党领导科技事业发展概述

中华文明历史悠久、光辉灿烂。在人类科技发展史上，中华民族曾经取得以“四大发明”为代表的辉煌科技成就，为人类文明的进步发展做出了重要贡献。然而“四大发明”远不足以全面概括中华民族的科技成就，由中国科学院自然科学史研究所的“中国古代重要科技发明创造”研究组推选出了古代科学发现与创造、技术发明、工程成就共88项，这些发明创造为中华文明乃至世界文明的发展都做出了重大贡献。但16世纪以后，由于长期闭关锁国、因循守旧，加之近代帝国主义列强的侵略，中国社会生产力发展受阻，科学技术事业日趋落后。近百年来，为了独立自主、民主进步和繁荣富强，中国人民进行了前赴后继的英勇奋斗。

鸦片战争以后，西方列强的坚船利炮打开了中国紧锁的国门，也使中国民众认识到发展科学技术对于国家强盛、民族振兴的重要性。许多有识之士积极致力于引进西方的现代科学技术，提出“科学救国”的口号。1915年，陈独秀在其主编的《新青年》(原名《青年杂志》)刊载文章，提倡民主与科学，反对封建文化，揭开了新文化运动的序幕。新文化运动对统治中国2 000多年的传统礼教产生了巨

《青年杂志》(《新青年》) 封面

大冲击，启发了人们的民主觉悟，推动了现代科学在中国的发展，为马克思主义在中国的传播和五四运动的爆发奠定了思想基础。中国共产党成立以后，中国共产党人高举“民主”与“科学”的大旗，是这两个口号最热烈的拥护者和最忠实的继承者，把“民主”与“科学”提到新的思想高度，也把发展科学技术、加强民主建设融入中国革命和建设的轨道。但在积贫积弱的旧中国，江河破碎，民不聊生，终究难以实现科技事业推动民族进步的理想。

直到新中国成立后，在中国共产党领导下开始了社会主义建设的伟大征程，从根本上扭转了中华民族科技水平与发达国家差距越来越大的局面，从此中国人民迈开了向科学进军的坚定步伐。

新中国科技发展的五个阶段

第一阶段
新中国科技事业的奠基和“向科学进军”（1949—1976）

新中国成立之初，中国共产党深刻地认识到科技落后是旧中国落后挨打的重要原因，必须把发展科技置于新中国建设的重要位置。毛泽东同志指出，“科学技术这一仗，一定要打，而且必须打好”，“不搞科学技术，生产力无法提高”。在我国科技人才和科研设备严重匮乏、基础条件落后的情况下，科技工作的重点是尽快改变一穷二白的农业国地位，从无到有迅速建立起比较完整的现代科学技术体系。该时期我国科技事业的发展主要体现在三个方面。

首先是以中国科学院为中心建设全国科学研究工作体系，对高等教育学科布局及地域分布进行调整，构建现代科教体制。这使得我国的科学技术力量能在统一的科学研究工作系统中，按照合理的分工合作的原则，有计划地、有协调地进行工作，是顺利完成我国科学技术任务的重要条件。

其次是发出“向科学进军”的伟大号召，制定和实施科学技术发展远景规划，勾画了国家科技发展的蓝图，确定了重要领域和课题。初步摸清了国际先进科学技术的状况，认识到组建机构、组织队伍、建立科研服务系统等是发展科研事业所必备的基本条件，这对我

向科学进军宣传画

国科技事业的发展起了重要的推动作用。

最后，大规模实施苏联援建的工业化建设项目，并以此带动先进技术的引进和消化吸收。这一时期国家高度重视科技事业，团结带领广大科技工作者和全国各族人民自力更生、艰苦奋斗，初步建成了比较完整全面独立的科技体系和工业体系，形成了规模宏大的科学技术研究队伍，并在“两弹一星”等科技领域取得了突破，对新中国成立后的国家安全和社会发展起到了“定海神针”的作用，从根本上改变了我国科技极其落后的状况。中国共产党在领导科学技术事业的探索实践中，在国内资源有限、国际资源缺乏的大背景下，充分发挥社会主义制度的优越性，“集中力量办大事”，举国家之力攻坚克难。这些成功经验一直沿用至今。

人民日报

1964年10月16日

号外

加强国防建設的重大成就，对保卫世界和平的重大貢献

我国第一颗原子弹爆炸成功

我国政府发表声明，郑重建议召开世界各国首脑会议，讨论全面禁止和彻底销毁核武器问题

《我国第一颗原子弹爆炸成功》

（《人民日报》号外）

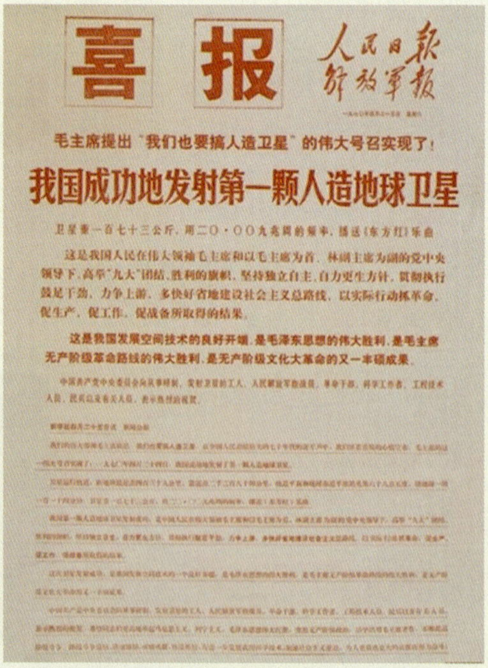

喜报

人民日报

解放军报

毛主席提出“我们也要搞人造卫星”的伟大号召实现了！

我国成功地发射第一颗人造地球卫星

这是我国人民在伟大领袖毛主席和以毛主席为首、林副主席为副的党中央领导下，高举“九大”团结、胜利的旗帜，坚持独立自主、自力更生方针，贯彻执行鼓足干劲、力争上游、多快好省地建设社会主义总路线，以实际行动抓革命、促生产、促工作、促战备所取得的结果。

这是我国发展空间技术的良好开端，是毛泽东思想的伟大胜利，是毛主席无产阶级革命路线的伟大胜利，是无产阶级文化大革命的又一丰硕成果。

《我国成功地发射第一颗人造地球卫星》

（《人民日报》《解放军报》喜报）

第二阶段
从“科学的春天”到“科学技术是第一生产力”（1977—1994）

“文化大革命”使我国科技事业遭受重创。“文化大革命”结束后，国家在教育和科技领域出台了一系列重要举措，科技界迎来了“科学的春天”。在党的十一届三中全会上，党中央作出以经济建设为中心、实行改革开放的重大战略决策，为科技事业的发展开辟了广阔道路。邓小平强调“四个现代化的关键是科学技术现代化”，提出“科学技术是第一生产力”的重要论断，为我国科技事业发展指明了方向。这一时期我国科技事业的主要矛盾是政府主导型的科技体系与经济发展相分离，同时工作重心的转移也要求科技政策必须服务于现代化建设大局，使科学技术实现由“国防动力”向“经济动力”的转变。1982年，中共中央和国务院提出了“经济建设必须依靠科学技术，科学技术工作必须面向经济建设”的战略方针，为科技体制改革指明了方向。1985年，《中共中央关于科学技术体制改革的决定》的发布，开启了以改革拨款制度为起点的科技体制改革，确立科技成果商品化的思想，减少对科研机构稳定支持的事业费，增加竞争性的项目支持，让研究院所和科技工作者面向经济建设的主战场，解决长期

恢复高考后第一批新生入学

存在的科技、经济“两张皮”问题。此外，通过设立科学基金、建立技术市场、建设开放实验室、实施“863 计划”等一系列举措，建立起开放、竞争的科研资助体系。1993年，我国实行“稳住一头、放开一片”的政策，稳定支持基础性研究，开展高新技术研究，放开技术开发和科技服务机构的研究开发经营活动，加快建立适应社会主义市场经济的科技体制。这一时期，中国科学院积极响应党中央号召，勇于自我革命，三次主动调整办院方针，提出了“一院两制”的思路，大力促进了科研与经济的紧密结合。

全国科学大会（1978年3月）

人民日报

RENMIN RIBAO

1985年3月

20

星期三

乙丑年正月廿九

北京地区天气预报

白天 晴 风向 偏北 风力 二、三级间四级

夜间 晴 风向 偏北 风力 一、二级

温度 最高 10℃ 最低 0℃

(代号1—1)

完成六届政协三次会议准备工作　通过新增补四十名政协委员名单

政协六届常委会第八次会议闭会

据新华社北京3月19日电　中国人民政治协商会议第六届全国委员会常务委员会第八次会议今天在政协礼堂闭会。

全国政协主席邓颖超出席会议并讲了话。她说，这次常委会完成了召开政协六届三次会议的各项准备工作。她希望政协六届三次会议能开得更活泼，能更发扬民主，各位委员能更充分地发表意见。

会议通过了政协第六届全国委员会增补委员名单。这次新增补的全国政协委员共四十人，他们中有著名数学家华罗庚，评剧演员新凤霞，画家吴冠中，联合国副秘书长毕季龙，香港利希慎置业有限公司董事长黄瑶璧，香港邓肇光置业公司董事邓广殷。最近恢复中国国籍的袁晓园女士也被增补为全国政协委员。

会议原则通过了政协第六届全国委员会常务委员会工作等报告草稿，常委们同意将这些报告草稿提交政协六届三次会议审议。

会议还通过了政协第六届全国委员会第三次会议分组办法和小组召集人名单，政协第六届全国委员会第三次会议列席人员名单。

会议还决定任命沙里、赵炜为全国政协副秘书长，宋堃毅为学习委员会副主任，费孝为文史资料研究委员会副主任。

今天的会议由副主席肖华主持。副主席杨静仁、刘澜涛、陆定一、程子华、康克清、帕巴拉·格列朗杰、胡子昂、王昆仑、杨成武、吕正操、包尔汉、缪云台、邓兆祥、马文瑞、李以升，出席了会议。

中共中央关于科学技术体制改革的决定

（一九八五年三月十三日）

内容提要

现代科学技术是新的社会生产力中最活跃的和决定性的因素。我们应当按照经济建设必须依靠科学技术、科学技术工作必须面向经济建设的战略方针，尊重科学技术发展规律，从我国的实际出发，对科学技术体制进行坚决的有步骤的改革。

当前科学技术体制改革的主要内容是：在运行机制方面，要改革拨款制度，开拓技术市场，克服单纯依靠行政手段管理科学技术工作，国家包得过多、统得过死的弊病；在对国家重点项目实行计划管理的同时，运用经济杠杆和市场调节，使科学技术机构具有自我发展的能力和自动为经济建设服务的活力。在组织结构方面，要改变过多的研究机构与企业相分离，研究、设计、教育、生产脱节，军民分割、部门分割、地区分割的状况；大力加强企业的技术吸收与开发能力和技术成果转化为生产能力的中间环节，促进研究机构、设计机构、高等学校、企业之间的协作和联合，并使各方面的科学技术力量形成合理的纵深配置。在人事制度方面，要克服“左”的影响，扭转对科学技术人员限制过多、人才不能合理流动、智力劳动得不到应有尊重的局面，造成人才辈出、人尽其才的良好环境。

科学技术体制改革的根本目的，是使科学技术成果迅速地广泛地应用于生产，使科学技术人员的作用得到充分发挥，大大解放科学技术生产力，促进经济和社会的发展。各种改革，都要区别不同情况，通过试验，逐步推广，不要急于求成，不能强制推行。带全局性的重大改革，由国务院统一部署。

随着城乡经济体制改革的逐步展开，必须相应地改革科学技术体制。这是关系我国现代化建设全局的一个重大问题。为此，中央作出如下决定。

一

中国人民正在进行社会主义现代化建设的伟大事业。我们要在本世纪末实现党的十二大提出的工农业年总产值翻两番的目标，并进而再以三、五十年的时间，使我国的经济接近世界发达国家的水平，使人民的生活达到比较富裕的程度。振兴经济，实现四化，是全党和全国人民一切工作的中心。科学技术工作必须紧紧地围绕这个中心，服务于这个中心。

现代科学技术是新的社会生产力中最活跃的和决定性的因素。随着世界新的技术革命的蓬勃发展，科学技术日益渗透到社会物质生活和精神生活的各个领域，成为提高劳动生产率的重要的源泉，成为建设现代精神文明的重要的基石。在社会主义现代化建设中，全党必须高度重视并充分发挥科学技术的巨大作用。

三十五年来，我国广大科学技术人员发扬献身精神，自力更生，大力协同，克服困难，为社会主义建设作出了重大贡献。我国的科学技术事业有了很大的发展，积累了不少成功的经验。但是，应当看到，长期以来逐步形成的科学技术体制存在着严重的弊病，不利于科学技术工作面向经济建设，不利于科学技术成果迅速转化为生产能力，束缚了科学技术人员的智慧和创造才能的发挥，使科学技术的发展难以适应客观形势的需要。

我们应当按照经济建设必须依靠科学技术、科学技术工作必须面向经济建设的战略方针，尊重科学技术发展规律，从我国的实际出发，对科学技术体制进行坚决的有步骤的改革。

当前科学技术体制改革的主要内容是：在运行机制方面，要改革拨款制度，开拓技术市场，克服单纯依靠行政手段管理科学技术工作，国家包得过多、统得过死的弊病；在对国家重点项目实行计划管理的同时，运用经济杠杆和市场调节，使科学技术机构具有自我发展的能力和自动为经济建设服务的活力。在组织结构方面，要改变过多的研究机构与企业相分离，研究、设计、教育、生产脱节，军民分割、部门分割、地区分割的状况；大力加强企业的技术吸收与开发能力和技术成果转化为生产能力的中间环节，促进研究机构、设计机构、高等学校、企业之间的协作和联合，并使各方面的科学技术力量形成合理的纵深配置。在人事制度方面，要克服“左”的影响，扭转对科学技术人员限制过多、人才不能合理流动、智力劳动得不到应有尊重的局面，造成人才辈出、人尽其才的良好环境。

二

改革对研究机构的拨款制度，按照不同类型科学技术活动的特点，实行经费的分类管理。

中央和地方财政的科学技术拨款，在今后一定时期内，应以高于财政经常性收入增长的速度逐步增加。同时，广开经费来源，鼓励部门、企业和社会集团向科学技术投资。

对列入中央和地方计划的重大科学技术研究、开发项目和重点实验室、试验基地的建设项目，分别由中央财政和地方财政拨款。计划管理也要利用经济杠杆，尊重价值规律，并逐步试行面向社会公开招标和签订承包合同的管理方法。

对技术开发工作和近期可望取得实用价值的应用研究工作，逐步推行技术合同制。主要从事这类工作的独立研究机构，应当通过承包国家计划项目、接受委托研究、转让技术成果、合资开发、出口联营、咨询服务等多种方式，在为社会创造经济效益的过程中，取得收入，积累资金。原由国家拨给的事业费，要逐步减少，争取在三、五年左右的时间内，这类研究机构中的大多数能够做到事业费基本自给。减下来的事业费，国家仍用于支持科学技术的发展。

对基础研究和部分应用研究工作，逐步试行科学基金制，基金来源，主要靠国家预算拨款。设立国家自然科学基金会和其他科学技术基金会，根据国家科学技术发展规划，面向社会，接受各方面申请，组织同行评议，择优支持。主要从事上述研究工作的机构，应争取几年之后做到科研经费主要靠申请基金，国家只拨给一定额度的事业费，以保证必要的经常费用和公共设施费用。

对从事医药卫生、劳动保护、计划生育、灾害防治、环境科学等社会公益事业的研究机构，以及从事情报、标准、计量、观测等科学技术服务和技术基础工作的机构，仍由国家拨给经费，实行经费包干制。

对于变化迅速、风险较大的高技术开发工作，可以设立创业投资给以支持。

从事多种类型研究工作的机构，其经费来源可以分别具体情况，通过多种渠道解决。各类研究机构的基本建设投资，均按国家基本建设管理制度规定的渠道解决。

银行要积极开展科学技术信贷业务，并对科学技术经费的使用进行监督管理。

三

促进技术成果的商品化，开拓技术市场，以适应社会主义商品经济的发展。

科学技术主要是人类智力劳动的产物，应当充分认识和评价智力劳动所创造的价值。随着科学技术的发展，技术在社会商品价值创造中所起的作用越来越大，越来越多的技术已经成为独立存在的知识形态商品，新的知识产业已经出现。技术市场是我国社会主义商品市场的重要组成部分。

应当通过开拓技术市场，疏通技术成果流向生产的渠道，改变单纯采用行政手段无偿转让成果的做法。科学技术系统运行机制的这一改变，有利于把研究机构和生产单位的经济利益联系起来，有利于促进竞争，使生产对科学技术的要求迅速成为研究的课题，研究的成果及时应用于生产。

要注重解决技术成果的配套、商品化生产和经济效益等方面的问题，以提供适合技术市场需要的技术商品。要积极发展技术成果转让、技术承包、技术咨询、技术服务等多种形式的技术贸易活动。要改变鄙薄经营工作的错误观念，培养善于运用技术成果开发产业的人才和善于经营技术商品的人才，并且适当发展技术商品的经营机构。技术市场的发展，从根本上说，取决于买方的需求，必须从各方面采取措施，激励企业采用新技术的积极性，增强企业购买技术成果的经济实力。

要制订有关的法规和制度，保障买、卖、中介三方的合法权益。国家通过专利法和其他相应的法规，对知识产权实行保护，并且运用关税和行政手段有限度地保护国内的技术市场。技术成果的市场价格，由交易双方议定，国家不加限制。转让技术成果的收入，近期一律免税。新产品可在一定期限内享受减免税收的优惠。持有技术成果的单位可以采取技术入股的方式与企业进行联营。技术开发机构和企业转让技术成果的收入，可提取一部分奖励直接从事开发工作的人员。

科学技术人员在完成本职工作和不侵犯本单位技术权益、经济利益的前提下，可以业余从事技术工作和咨询服务，收入归己；利用本单位技术成果、内部技术资料和设备，应经本单位同意，并上交部分收入。

具有推广应用价值但不宜成为商品或不宜实行有偿转让的技术成果，由国家和社会有关部门组织交流和推广，并酌情给以奖励。

四

调整科学技术系统的组织结构，鼓励研究、教育、设计机构与生产单位的联合，强化企业的技术吸收和开发能力。

要鼓励中国科学院、高等学校和各部委、地方所属从事技术开发的研究机构，根据自愿互利的原则，同企业、设计机构建立各种形式的联合。有的可以逐步发展成为经济实体；有的可以在联合的基础上进而合并，企业并入研究机构，或者研究机构并入企业。有些研究机构也可以自行发展成为科研生产型的企业，或者成为中小企业联合的技术开发机构。对这类单位，允许按一定比例从新增利润中提取一部分资金，用作技术开发基金。

在强调加强研究机构同企业联合的同时，要注意生产领域中重大的中长期的研究和开发工作。对于从事这些研究工作的机构和人员，有关部门和单位应当在经济上采取某些必要的调节措施给以支持。

企业在充分依靠社会上的科学技术力量的同时，应当积极充实和增强自身的技术开发能力，并且切实发挥熟练技术工人的骨干作用，广泛开展群众性的技术革新活动。大型骨干企业还要逐步健全自己的技术开发部门或研究机构。有条件的中小企业也可配备必要的技术开发力量。企业的技术开发工作要特别重视新产品试制、中间试验、生产性试验以及解决工业化生产中的质量、可靠性、经济性、成品率等一系列工艺和设备问题。企业可以按规定把技术开发费用分期摊入成本，也可以向银行申请技术开发贷款。有特殊需要的，可以按照国家规定在税前利润中提取适当的技术开发资金。应当把依靠技术进步增加经济效益作为考核企业的重要指标。

国防科研机构应当建立军民结合的新体制，在保证完成国防任务的同时，面向经济建设，加速军用技术成果向民用的转移，大力开展民用产品的开发研究。

为加快新兴产业的发展，要在全国选择若干智力资源密集的地区，采取特殊政策，逐步形成具有不同特色的新兴产业开发区。

五

改革农业科学技术体制，使之有利于农村经济结构的调整，推动农村经济向专业化、商品化、现代化转变。

各级政府对于重大的农业技术开发项目或区域开发项目，应打破部门、地区的局限，实行公开招标，择优委托。各地要围绕农林牧副渔的商品生产基地的建设，积极同各方面的科学技术力量，发展多种形式的联合。省以上农业科研机构和农业高等学校要加强合作，用较大的力量进行超前一步的研究和开发工作，并且建立科学技术成果综合运用的示范基地。要鼓励和推动城市各行各业的科学技术人员和科学技术机构向农村提供各种技术成果、信息和技术服务。

农业技术推广机构应同研究机构、高等学校密切合作，加强同乡镇企业、各种合作组织以及专业户、技术示范户、能工巧匠的结合，以点带面，积极做好供、产、储、运和加工等各方面的技术服务以及新技术的推广工作。要推行联系经济效益计算报酬的技术责任制或收取技术服务费的办法，使技术推广机构和科学技术人员的收入随着农民收入的增长而逐步有所增加。技术推广机构和研究机构可以兴办企业型的经营实体。农业技术推广机构和研究机构的事业费，仍可由国家拨给，实行包干制。应当鼓励和支持有条件的单位逐步做到事业费自给。

六

合理部署科学研究的纵深配置，以确保经济和科学技术发展的后劲。

在大力推进技术开发工作的同时，加强应用研究，并使基础研究工作得以稳定地持续发展。对于各种不同类型的研究工作，应当采取不同的政策和评价标准。

应用研究是把基础研究成果转化为实用技术的必要环节，对于开拓新技术、发展新产业和革新现有生产技术具有重要意义。应当选择可望获得重大效益的课题作为重点，集中人力物力，争取尽快取得突破性的成就。

当代科学发展的事实表明，基础研究的重大突破往往为技术发展开辟新的道路，基础研究的成果转化为技术的过程正在日益缩短。要重视有应用前景的基础研究工作，尤其是针对我国自然条件、自然资源特点的研究工作。对于一时看不出应用前景，但对认识自然现象、自然规律确有价值的工作，也要根据财力的情况给以支持。对基础研究成果，应着重考察其学术意义和科学水平。

高等学校和中国科学院在基础研究和应用研究方面担负着重要的任务。产业部门的研究机构，也要根据需要加强应用研究。各方应当密切合作，人员相互兼职，开展合作研究，联合建立实验室或研究机构。基础研究、应用研究应当同人才的培养密切结合。有条件的高等学校也可以建立一些确有特色的精干的研究机构。（下转第三版）

六届人大常委会第十次会议继续举行分组讨论

进一步完善继承法草案

委员们要求加强对已颁布法律执行情况的监督工作

据新华社北京3月19日电　六届全国人大常委会第十次会议今天继续分组审议继承法草案。委员们认为，继承法草案从总体上看修改得较好，可以在这次常委会上原则通过，提请六届全国人大三次会议审议，同时，有些委员也对草案提出了不少修改建议。

孔从洲委员说，继承法草案经过修改、讨论进一步完善了。目前我国出现的新情况是，婚姻情况变化和独生子女增多，这就要考虑到外孙及外孙女继承权的问题。

熊复委员说，继承问题非常复杂，继承法要制定得很完备比较难，但要力求完备。他建议对有赡养能力而不尽赡养义务的继承人，应明确规定丧失继承权。这样有利于鼓励赡养老人，保持和发扬我国人民尊敬老人的优良传统。对于很有价值的文物图书应规定属于国家所有，不能当作遗产继承。要充分照顾各项法律之间的关系，例如继承法和婚姻法的关系，使它们保持一致，能够衔接起来，不能互相矛盾。

李佳英委员说，继承法的制定对提高妇女地位、控制农村人口出生率很有意义。特别是对农村经济体制改革有促进作用，因为有了继承法，解决了农民的后顾之忧。

平措旺阶委员说，社会主义与资本主义的根本区别之一，是基本生产资料不允许私有，所以继承法草案中对“生产资料”应加上限制词。

胡宗贵委员说，颁布继承法是非常必要的。现在社会上不尊重，甚至虐待、遗弃老人的现象比较多，还有鄙视妇女的陈腐习惯。另外国内与华侨的来往也越来越多，有了继承法，可以更好地依法办事。建议继承法写得再通俗一些，尽量让大多数人看懂、理解。

杨立功委员说，继承法应充分体现赡养老人、尽了义务与继承权的关系。草案中对尽了赡养义务应给予继承权这一点体现不够。

杨克冰委员建议，继承法草案中，应写明在遗产分割时，要优先考虑老人的赡养问题。

邓家泰委员说，继承法既要强调继承人对被继承人的遗产享有继承权，更要强调继承人对被继承人有尊重赡养的义务。要发扬中华民族尊老爱幼的传统美德。

林而委员说，继承法应符合我国实际情况，法律应体现赡养老人的人有优先继承遗产的原则。

宋一平委员说，继承法不可能对所有复杂情况都做出明确规定，现实中也常有些继承问题内部自行解决了。所以，建议法中有些规定不必太死，要留有余地。

牛荫冠委员说，继承法是一个大法，有些问题不宜在法中规定过细，为便于执行，建议在本法最后加一款，由国务院颁布实施细则。

有些委员认为继承法这个名称不妥当，应当改一改。马髦委员说，叫“中华人民共和国继承法”不确切，应改为“个人财产继承法”。胡绩伟、裘文骅、钱毅等委员提出，应改称“公民财产继承法”。欧阳叔委员认为，改称为“公民私有财产继承法”，就和宪法规定的保护公民私有财产的规定一致起来了。

据新华社北京3月19日电　出席六届全国人大常委会第十次会议的委员们今天要求进一步加强人大及其常委会对已经颁布的法律执行情况的监督。

委员们在讨论全国人大常委会一年来的工作时指出，人大及其常委会在加强立法工作的同时，还要认真监督法律的执行。

《中共中央关于科学技术体制改革的决定》(《人民日报》)

第三阶段
实施科教兴国战略时期（1995—2005）

进入20世纪90年代，以信息科学、信息技术为主要标志的世界科技革命正在形成新的高潮，各国竞相制定了新的科技发展战略，采取了一系列重大举措加速发展科学技术，争先抢占科技和产业制高点。随着高科技的发展，世界经济发展动力向知识密集型和智力密集型转化，我国粗放式劳动密集型的经济发展模式难以适应持续高速发展需求，这客观上要求我国必须采取相应的对策。我国必须解决好产业结构不合理、技术水平落后、科技人才匮乏、劳动生产率低、经济增长质量不高等问题。这些问题的解决依赖科技进步，而科技的进步则取决于教育的发展。正是为了促进我国经济的转型，以科技进步推动国民经济增长从外延型向效益型的转变，确保实现社会主义现代化建设“三步走”的战略目标，党中央于1995年召开全国科技大会，向全党全国人民发出了坚定不移地实施科教兴国战略的伟大号召，提出了“深化科技体制改革，建立适应社会主义市场经济体制和科技自身发展规律的新型科技体制”的新目标，提出要把粗放式的经济增长转变为集约式的经济增长，走上依靠科学技术进步和劳动者素质提高从而实现经济增长的轨道，这成为该时期我国科技事业

中国科学院召开“落实科教兴国战略　实施知识创新工程”会议（1998年6月）

工作的重点。科教兴国战略要求始终将经济建设作为科技工作的主战场，科技工作的主要任务是攻克国民经济发展中迫切需要解决的关键性问题。发达国家投入研究与试验发展的经费（R&D）占国民生产总值（GDP）的比例一般都在2%～3%之间，然而1995年前后我国的这一比值只有0.5%，仅略高于欠发达国家与发展中国家平均值（0.45%）。在科技投入有限的情况下，科教兴国战略实施时期我国的科技政策呈现出资源向重大项目集中的趋势。以中国科学院知识创新工程、高校“211工程”和“985工程”为标志，国家优先支持部分科教机构的发展，推动我国科技和教育事业进入新的发展时期。

第四阶段
建设创新型国家时期（2006—2011）

进入21世纪，世界主要发达国家不断强化科技创新在国家战略中的重要性。资源、环境和技术的瓶颈制约，决定了我国必须走创新型国家的发展道路，而依靠科学技术则是突破资源和环境瓶颈约束的根本途径。党中央综合分析国内外发展大势，立足国情，面向未来，把创新作为推动经济社会发展的驱动力量，提出了增强自主创新能力、建设创新型国家的重大战略思想。党的十七大进一步明确指出“提高自主创新能力，建设创新型国家”是国家发展战略的核心。2006年发布的《国家中长期科学和技术发展规划纲要（2006—2020年）》，明确提出了“自主创新，重点跨越，支撑发展，引领未来”的新时期科技工作方针，对我国科技事业的发展做出了总体部署：一是立足于我国国情和需求，确定若干重点领域，突破一批重大关键技术，全面提升科技支撑能力；二是瞄准国家目标，实施若干重大专项，实现跨

人民日報

RENMIN RIBAO

今日 16 版(华东、华南地区 20 版)　国内统一连续出版物号 CN 11-0065　第 21034 期 (代号 1-1)

人民网　网址:http://www. people. com. cn　手机:http://wap. people. com. cn

人民日报社出版

2006 年 2 月 10 星期五 丙戌年正月十三

北京地区天气预报

白天　晴间多云　降水概率 10%　风向 北转南　风力 二、三级

夜间　晴间多云　降水概率 10%　风向 南转北　风力 一、二级

温度　4℃/-6℃

大打培训牌科技牌　关注老少边穷地区
农业部今年要为农民办 15 件实事

本报北京 2 月 9 日讯　记者冯华从农业部获悉:2006 年,农业部将以粮食主产区为重点,深入推进农业科技入户工程,在全国选择 200 个项目县,培养 20 万个科技示范户,辐射带动 400 万农户,使示范户农产品产量和综合收入比前 3 年平均水平增长 10%以上,单位农产品产量节本 10%以上。这是农业部为加快发展农业和农村经济,扎实推进社会主义新农村建设,今年要为农民办的 15 件实事之一。

农业部今年要为农民办的 15 件实事还包括:为全国 1 亿农户提供测土配方施肥服务;以农村劳动力输出大省、产粮大省、革命老区、贫困地区为重点,开展短期的非农职业技能培训;招收 10 万名具有初中以上文化程度,从事农业生产、经营、服务以及农村经济社会发展等领域的职业农民,把他们培养成有文化、懂技术、会经营的农村实用人才;帮助革命老区加强农业综合生产能力建设;改善 84 个藏区县农牧民生产生活条件;为渔民提供水产健康养殖技术服务;新建一批覆盖 100 个县的"三电合一"农业综合信息服务平台;对 10 万名海洋捕捞渔民进行职业安全培训;选择 6 个省的部分规范化奶牛和生猪养殖小区进行粪污处理设施建设试点;开展农产品加工创业培训;扶持 100 个农民专业合作经济组织;组织禽流感新型疫苗及兽药知识普及活动;建立 50 个水稻栽植和收获机械化示范县,培训种粮大户、农机户 1 万人;在革命老区和农业部定点扶贫地区,推进农业报刊和科技读物进村。

建设新农村

中共中央国务院关于实施科技规划纲要增强自主创新能力的决定

(2006 年 1 月 26 日)

为抓住和用好本世纪头 20 年发展的重要战略机遇期,坚持以邓小平理论和"三个代表"重要思想为指导,贯彻党的十六大和十六届三中、四中、五中全会精神,全面落实科学发展观,组织实施《国家中长期科学和技术发展规划纲要(2006—2020 年)》(以下简称《规划纲要》),增强自主创新能力,努力建设创新型国家,特作如下决定。

一、实施《规划纲要》,努力建设创新型国家

科学技术是第一生产力,是推动人类文明进步的革命力量。进入 21 世纪,科学技术发展日新月异,科技进步和创新愈益成为增强国家综合实力的主要途径和方式,依靠科学技术实现资源的可持续利用、促进人与自然的和谐发展愈益成为各国共同面对的战略选择,科学技术作为核心竞争力愈益成为国家间竞争的焦点。我国已进入必须更多依靠科技进步和创新推动经济社会发展的历史阶段。科学技术作为解决当前和未来发展重大问题的根本手段,作为发展先进生产力、发展先进文化和实现最广大人民群众根本利益的内在动力,其重要性和紧迫性愈益凸显。按照党的十六大要求,国务院在充分调查研究的基础上组织制定了《规划纲要》。这一纲要立足国情、面向世界,以增强自主创新能力为主线,以建设创新型国家为奋斗目标,对我国未来 15 年科学和技术发展作出了全面规划与部署,是新时期指导我国科学和技术发展的纲领性文件。

中央确定,全面实施《规划纲要》,经过 15 年努力,到 2020 年使我国进入创新型国家行列。建设创新型国家,核心就是把增强自主创新能力作为发展科学技术的战略基点,走出中国特色自主创新道路,推动科学技术的跨越式发展;就是把增强自主创新能力作为调整产业结构、转变增长方式的中心环节,建设资源节约型、环境友好型社会,推动国民经济又快又好发展;就是把增强自主创新能力作为国家战略,贯穿到现代化建设各个方面,激发全民族创新精神,培养高水平创新人才,形成有利于自主创新的体制机制,大力推进理论创新、制度创新、科技创新,不断巩固和发展中国特色社会主义伟大事业。

实施《规划纲要》,建设创新型国家,是全面落实科学发展观、开创社会主义现代化建设新局面的重大战略举措。这必将有利于提升我国自主创新能力和增强国家核心竞争力,改变关键技术依赖于人、受制于人的局面;必将有利于转变发展观念、创新发展模式、提高发展质量,加快推进新型工业化的步伐;必将有利于弘扬以爱国主义为核心的民族精神和以改革创新为核心的时代精神,大大增强民族自信心和凝聚力,促进全面建设小康社会宏伟目标的实现和中华民族的伟大复兴。全党同志特别是各级领导干部务必深刻认识建设创新型国家的极端重要性和紧迫性,切实把完成这项任务作为关系全局的大事抓紧抓好。

二、坚持自主创新,全面提升国家竞争力

新时期我国科学技术发展的指导方针是:自主创新、重点跨越、支撑发展、引领未来。这一方针,是我国半个多世纪科技事业发展实践经验的概括总结,是面向未来、实现中华民族伟大复兴的重要抉择,必须贯穿于我国科技事业发展的全过程。

从现在起到 2020 年,我国科学和技术发展要以提升国家竞争力为核心,实现以下重要目标:一是掌握一批事关国家竞争力的装备制造业和信息产业核心技术,使制造业和信息产业技术水平进入世界先进行列。二是农业科技整体实力进入世界前列,促进农业综合生产能力的提高,有效保障国家食物安全。三是能源开发、节能技术和清洁能源技术取得突破,促进能源结构优化,主要工业产品单位能耗指标达到或接近世界先进水平。四是在重点行业和重点城市建立循环经济的技术发展模式,节约资源、保护环境,为建设资源节约型、环境友好型社会提供科技支持。五是重大疾病防治水平显著提高,新药创制和关键医疗器械研制取得突破,全面提升产业发展的技术能力。六是国防科技基本满足现代武器装备自主研制和信息化建设的需要,为维护国家安全提供保障。七是涌现出一批具有世界水平的科学家和研究团队,在科学发展的主流方向上取得一批具有重大影响的创新成果,信息、生物、材料和航天等领域的前沿技术达到世界先进水平。八是建成若干世界一流的科研院所和大学以及具有国际竞争力的企业研究开发机构,形成比较完善的中国特色国家创新体系。

"十一五"期间,必须把增强自主创新能力放在更加突出的位置。一要把解决经济社会发展的瓶颈制约放在优先位置,力争在能源、资源、环境、农业、信息等关键领域取得重大技术突破。二要积极发展对经济增长有重大带动作用、具有自主知识产权的核心技术和关键技术,协力攻关,形成一批市场占有率高的产品和国际知名品牌,提高重大技术装备国产化水平,推动高技术产业加快从加工装配为主向自主研发制造延伸。三要加强基础研究和前沿技术研究,在信息、生命、空间、海洋、纳米、新材料等战略领域超前部署,加大投入力度,增强科技和经济持续发展的后劲。四要加强重大科技基础设施和条件平台建设,实施若干重大科学工程,支撑科学技术创新。五要按照有所为有所不为的原则,集中优势力量,启动一批重大专项,力争取得重要突破,提高国家核心竞争力。

三、创新体制机制,走中国特色自主创新道路

实施《规划纲要》,体制机制是关键。必须深化科技体制改革和经济体制改革,进一步消除制约科技进步和创新的体制性、机制性障碍,有效整合全社会科技资源,推动经济与科技的紧密结合,形成技术创新、知识创新、国防科技创新、区域创新、科技中介服务等相互促进、充满活力的国家创新体系。要继续推进科技体制改革,充分发挥政府的主导作用,充分发挥市场在科技资源配置中的基础性作用,充分发挥企业在技术创新中的主体作用,充分发挥国家科研机构的骨干和引领作用,充分发挥大学的基础和生力军作用,在实践中走出中国特色自主创新道路。

增强自主创新能力,关键是强化企业在技术创新中的主体地位,建立以企业为主体、市场为导向、产学研相结合的技术创新体系。采取更加有力的措施,营造更加良好的环境,使企业真正成为研究开发投入的主体、技术创新活动的主体和创新成果应用的主体。鼓励国有大型企业加快研究开发机构建设和加大研究开发投入,努力形成一批集研究开发、设计、制造于一体,具有国际竞争力的大型骨干企业。(下转第五版)

国家中长期科学和技术发展规划纲要

(二〇〇六—二〇二〇年)

中华人民共和国国务院

目　录

(下转第五版)

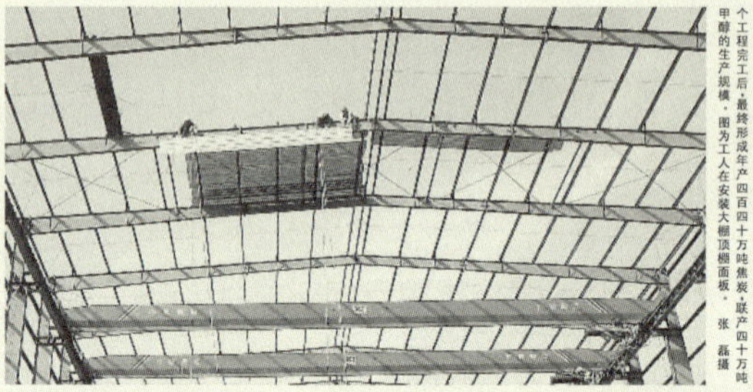

二月九日,我国最大的煤焦化基地——安徽淮北临涣煤焦化厂首座钢结构焦炉大棚正紧张施工,预计十天之内即可封顶。整个工程完工后,最终形成年产四百四十万吨焦炭,联产四十万吨甲醇的生产规模。图为工人在安装大棚顶棚面板。　张　磊摄

山东实施技能扶贫计划
5487 名贫困家庭学生免费上技校

本报济南 2 月 9 日电　记者何勇报道:山东省沂源县品学兼优的学生李雯,因家庭困难本打算读完初中后就回家务农。如今,在当地政府部门的资助下,她正免费在县技校学习实用技能。和她一样,山东去年共有 5487 名家庭贫困的学生免费参加技能培训,毕业后,劳动就业部门将优先为他们安排就业。这是山东创新扶贫方式,帮助贫困家庭逐步脱贫致富的一项举措。

山东将促进就业与社会救助结合起来,2005 年实施"技能扶贫"计划,筹集扶持资金 2040 万元。该计划每年选拔部分城乡贫困家庭子女,由政府资助免费到技工院校进行技能教育培训。

我国海洋经济五年『翻一番』
去年总产值近一点七万亿元

本报北京 2 月 9 日讯　记者武卫政报道:国家海洋局今天发布的《2005 年中国海洋经济统计公报》显示,去年我国海洋经济总量再创新高,实现了《全国海洋经济发展规划纲要》确定的发展目标。据初步核算,主要海洋产业总产值 16987 亿元,增加值 7202 亿元,相当于国内生产总值的 4%;按可比价格计算,比上年增长 12.2%,高出同期国民经济增长速度 2.3 个百分点;海洋三次产业比例为 17:31:52,海洋第一产业增加值 1206 亿元,第二产业增加值 2232 亿元,第三产业增加值 3764 亿元,涉海就业人员总量超过 2700 万人。

"十五"期间,我国主要海洋产业总产值累计达 57499 亿元,主要海洋产业增加值累计 24992 亿元,按同口径计算,均比"九五"期间翻了一番。

印尼发现至少 40 个新物种

本报雅加达 2 月 9 日电　记者管克江报道:由美国、澳大利亚、印度尼西亚三国科学家组成的探险队近日宣布,他们在印尼巴布亚省的热带雨林中发现了大批新物种。探险队队长布鲁斯·比勒赞叹说,他们如同在地球上发现了一个"失去的世界"。

探险队去年 12 月前往印尼巴布亚省考察时进入了一片从未有人涉足的原始森林,结果发现了至少 40 个新物种和许多珍稀物种。

●国际传真

巴基斯坦总统将访华

本报北京 2 月 9 日讯　记者张光政报道:外交部发言人孔泉 9 日在例行记者会上宣布,应国家主席胡锦涛的邀请,巴基斯坦伊斯兰共和国总统佩尔韦兹·穆沙拉夫将于 2 月 19 日至 23 日对中国进行国事访问。

《国家中长期科学和技术发展规划纲要》(《人民日报》)

越式发展，填补空白；三是应对未来挑战，超前部署前沿技术和基础研究，提高持续创新能力，引领经济社会发展；四是深化体制改革，完善政策措施，增加科技投入，加强人才队伍建设，推进国家创新体系建设，为我国进入创新型国家行列提供可靠保障。此后，我国按照《国家中长期科学和技术发展规划纲要（2006—2020年）》确定的指导思想和提出的重点任务进行科技体制改革，科技资源总量快速增加，我国投入研究与开发的经费从2006年的3 003亿元增长到2011年的8 687亿元，占国民生产总值的比例也提升到1.84%。我国已成为世界科技大国，其中国际科学论文数量位居世界第二，国际专利申请量位居世界第六，国家创新体系的建设与完善取得重要进展。

第五阶段
党的十八大以来，中国特色社会主义进入新时代

党的十八大以来，党中央把创新驱动发展作为国家的优先战略，以科技创新为核心带动全面创新，以体制机制改革激发创新活力，以高效率的创新体系支撑高水平的创新型国家建设，推动经济社会发展动力实现根本转换。2015年，习近平总书记进一步提出，我们必须把创新作为引领发展的第一动力，把人才作为支撑发展的第一资源，把创新摆在国家发展全局的核心位置，不断推进理论创新、制度创新、科技创新、文化创新等各方面创新，让创新贯穿党和国家一切工作，让创新在全社会蔚然成风。在以习近平同志为核心的党中央领导下，我国科技事业密集发力、加速跨越，实现了历史性、整体性、格局性重大变化，重大创新成果竞相涌现，在某些领域与世界先进水平逐渐进入并行、甚至处于领跑阶段，科技实力正处于从量的

积累向质的飞跃、从点的突破向系统能力提升的重要时期。不过，与欧美现代化强国相比，我国的创新能力还亟待加强。例如，基础科学研究短板依然突出，关键核心技术受制于人的局面没有得到根本性改变，顶尖人才和团队还比较缺乏。此外，还存在科研与关键核心技术反差较大的现象。2019年至2021年，我国PCT国际专利申请量连续三年位居申请量排行榜首位，国际顶尖期刊论文数居于世界第二，然而在关键核心技术方面与世界先进水平存在不小差距，高端装备、先进制程芯片和基础软件等关键核心技术和关键元器件受制于人的局面仍未得到根本转变。当今世界处于“百年未有之大变局”，正在经历新一轮大发展、大变革、大调整，新冠肺炎疫情全球大流行增强了全球政治经济的不确定性，逆全球化思潮的不断蔓延和贸易保护主义的兴起都对我国的发展与科技创新提出了新的挑战，解决科技“卡脖子”问题和补齐事关长远发展的科技短板是对中国科技事业的巨大考验。为此，党中央发出了“实现科技自立自强、建设世界科技强国”的总动员。党的十八大以来，全国投入研究与试验发展的经费由2012年的10 298.4亿元提升到2021年的27 864亿元，占国民生产总值的比例也提升到2.44%。国家对科技事业的投入，已接近世界主要发达国家的水平，科技资源已能有效支撑科技事业发展。因此，我们应将科技自立自强放在中华民族伟大复兴战略全局和世界百年未有之大变局“两个大局”中加以谋划，深入分析机遇和挑战变化，以国家重大需求为导向，着力解决影响制约国家发展全局和长远利益的科技问题，提升科技事业对国家发展战略的整体支撑效能。

新时代党和国家建设世界科技强国的方略

时至2012年，我国实行改革开放已30多年，科技水平实现了整体跃升，已经成为具有重要影响力的科技大国，科技创新对经济社会发展的支撑和引领作用日益增强。然而，随着新一轮科技革命和产业变革的孕育兴起，全球科技创新呈现出新的发展态势和特征，新技术替代旧技术、智能型技术替代劳动密集型技术趋势明显。我国依靠要素成本优势所驱动、大量投入资源和消耗环境的经济发展方式已经难以为继。在这一背景下，党中央审时度势，积极推动实施创新驱动发展战略，这是党中央综合分析国内外大势、立足我国发展全局做出的重大战略抉择。

一、实施创新驱动发展战略

2012年7月召开的全国科技创新大会上明确提出了创新驱动发展战略，这体现了党中央对科技工作的高度重视，是站在国家发展全局高度，审时度势，把科技作为国家发展战略的核心，作为破解发展难题、创新发展模式、抢占未来制高点的关键。2012年9月，中共中央、国务院印发《关于深化科技体制改革加快国家创新体系建设的意见》，首次明确提出“新中国成立100周年时成为世界科技强国”的奋斗目标，要求“大力提高自主创新能力，发挥科技支撑引领作用，加快实现创新驱动发展”。2012年11月，党的十八大将创新驱动发展战略作为我国新时期重大发展战略，强调科技创新是提高社会生产力和综合国力的战略支撑，凸显了创新驱动发展战略在国家发展全局中的重要地位。2014年8月18日，习近平总书记主持召开中央财经领导小组第七次会议，他在会议上发表讲话强调，我国是一个发展中大国，正在大力推进经济发展方式转变和经济结构调整，必须把创新驱动发展战略实施好。实施创新驱动发展战略，就是要推动以科技创新为核心的全面创新，坚持需求导向和产业化方向，坚持企业在创新中的主体地位，发挥市场在资源配置中的决定性作用和社会主义制度优势，增强科技进步对经济增长的贡献度，形成新的增长动力源泉，推动经济持续健康发展。2015年3月，《中共中央　国务院关于深化体制机制改革加快实施创新驱动发展战略的若干意见》发布，提出坚持“需求导向、人才为先、遵循规律、全面创新”的总体思路和“到2020年基本形成适应创新驱动发展要求的制度环境和政策法律体系，为进入创新型国家行列提供有力保障”的总目标，为此从8个方面部署了30项任务。

二、谋篇布局建设世界科技强国

2016年5月，中共中央、国务院发布《国家创新驱动发展战略纲要》，为加快实施国家创新驱动发展战略做出部署，明确了创新驱动发展战略的指导思想和“紧扣发展，深化改革，强化激励，扩大开放”的基本原则，确定了2020年进入创新型国家行列，到2030年跻身创新型国家前列，到2050年建成世界科技创新强国的“三步走”战略目标，构建了“双轮驱动、一个体系、六大转变”战略布局，部署了8个方面的战略任务、6个方面的保障措施，这是我国实施创新驱动发展战略的行动指南。习近平总书记在2016年5月召开的全国科技创新大会上，吹响了建设世界科技强国的号角，对落实创新驱动发展战略提出了总体要求，着重强调了5个方面内容：第一，夯实科技基础，在重要科技领域跻身世界领先行列；第二，强化战略导向，破解创新发展科技难题；第三，加强科技供给，服务经济社会发展主战场；第四，深化改革创新，形成充满活力的科技管理和运行机制；第五，弘扬创新精神，培育符合创新发展要求的人才队伍。

创新型国家具备的四大基本特征

1. 创新投入高，国家的研发投入支出占国民生产总值的比例一般在2%以上
2. 科技进步贡献率达70%以上
3. 自主创新能力强，国家的对外技术依存度指标通常在30%以下
4. 创新产出高

A 到2020年进入创新型国家行列

- 创新型经济格局初步形成
  科技进步贡献率提高到60%以上
- 自主创新能力大幅提升
  研发经费支出占国内生产总值比重达到2.5%
- 创新体系协同高效
- 创新环境更加优化

B 到2030年跻身创新型国家前列

- 主要产业进入全球价值链中高端
- 总体上扭转科技创新以跟踪为主的局面
- 国家创新体系更加完备
- 创新文化氛围浓厚，法治保障有力，全社会形成创新活力竞相迸发、创新源泉不断涌流的生动局面

C 到2050年建成世界科技创新强国

- 科技和人才成为战略资源，创新成为政策制定和制度安排的核心因素
- 劳动生产率、社会生产力提高主要依靠科技进步和全面创新，国防科技达到世界领先水平
- 拥有一批世界一流的科研机构、研究型大学和创新型企业
- 创新的制度环境、市场环境和文化环境更加优化

《国家创新驱动发展战略纲要》的“三步走”战略目标

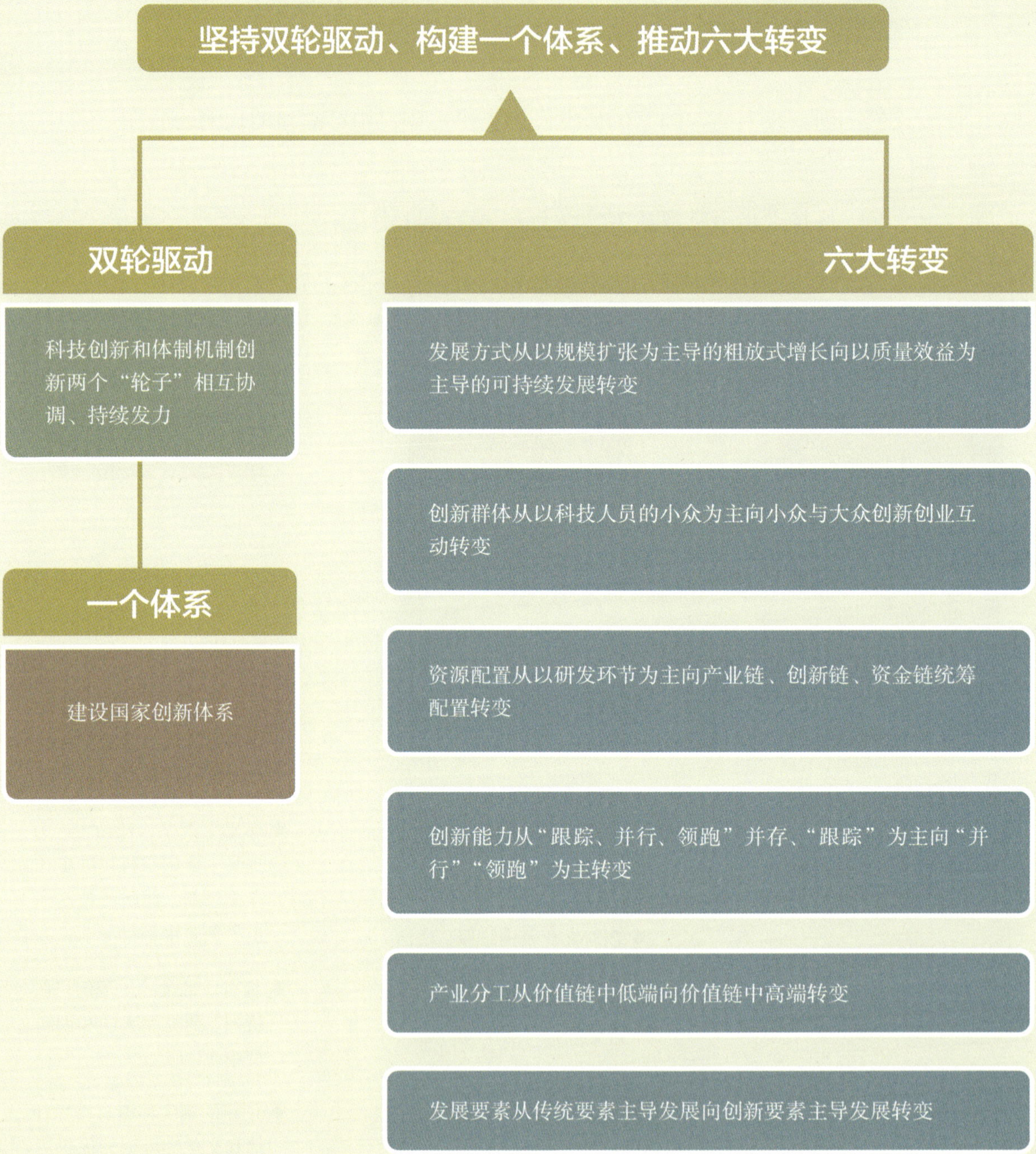

《国家创新驱动发展战略纲要》的战略布局

《国家创新驱动发展战略纲要》的八大战略任务

2017年10月27日，习近平总书记在中国共产党第十九次全国代表大会上的报告中进一步要求，加快建设创新型国家。创新是引领发展的第一动力，是建设现代化经济体系的战略支撑。要瞄准世界科技前沿，强化基础研究，实现前瞻性基础研究、引领性原创成果重大突破。加强应用基础研究，拓展实施国家重大科技项目，突出关键共性技术、前沿引领技术、现代工程技术、颠覆性技术创新，为建设科技强国、质量强国、航天强国、网络强国、交通强国、数字中国、智慧社会提供有力支撑。2018年5月28日，在中国科学院第十九次院士大会、中国工程院第十四次院士大会上，习近平总书记指出，实现建成社会主义现代化强国的伟大目标，实现中华民族伟大复兴的中国梦，我们必须具有强大的科技实力和创新能力。在这次大会上，习近平总书记还对建设世界科技强国做出了重大判断，指明了我国科技事业的历史方位，对建设世界科技强国做出了全面部署。

如何建设世界科技强国，习近平总书记说了这「12345」

1个重大判断，指明我国科技事业历史方位

党的十八大以来，我们总结我国科技事业发展实践，观察大势，谋划全局，深化改革，全面发力，坚持党对科技事业的领导、坚持建设世界科技强国的奋斗目标、坚持走中国特色自主创新道路、坚持以深化改革激发创新活力、坚持创新驱动实质是人才驱动、坚持融入全球科技创新网络，我国科技事业密集发力、加速跨越，实现了历史性、整体性、格局性重大变化，重大创新成果竞相涌现，一些前沿方向开始进入并行、领跑阶段，科技实力正处于从量的积累向质的飞跃、从点的突破向系统能力提升的重要时期。

2个“轮子”齐驱，坚持制度创新和科技创新

要坚持科技创新和制度创新“双轮驱动”，以问题为导向，以需求为牵引，在实践载体、制度安排、政策保障、环境营造上下功夫，在创新主体、创新基础、创新资源、创新环境等方面持续用力，强化国家战略科技力量，提升国家创新体系整体效能。

3个创新能力，攻坚克难，决胜未来

自主创新：自力更生是中华民族自立于世界民族之林的奋斗基点，自主创新是我们攀登世界科技高峰的必由之路。我国广大科技工作者要有强烈的创新信心和决心，既不妄自菲薄，也不妄自尊大，勇于攻坚克难、追求卓越、赢得胜利，积极抢占科技竞争和未来发展制高点。

改革创新：创新决胜未来，改革关乎国运。科技领域是最需要不断改革的领域。科技体制改革要敢于啃硬骨头，敢于涉险滩、闯难关，破除一切制约科技创新的思想障碍和制度藩篱。

开放创新：要坚持以全球视野谋划和推动科技创新，积极主动融入全球科技创新网络，提高国家科技计划对外开放水平，积极参与和主导国际大科学计划和工程，鼓励我国科学家发起和组织国际科技合作计划。

4个用人举措，让天下英才聚神州

要创新人才评价机制，建立健全以创新能力、质量、贡献为导向的科技人才评价体系，形成并实施有利于科技人才潜心研究和创新的评价制度。

要完善科技奖励制度，让优秀科技创新人才得到合理回报，释放各类人才创新活力。

要通过改革，改变片面将论文、专利、资金数量作为人才评价标准的做法，不能让繁文缛节把科学家的手脚捆死了，不能让无穷的报表和审批把科学家的精力耽误了。

要营造良好创新环境，加快形成有利于人才成长的培养机制、有利于人尽其才的使用机制、有利于竞相成长各展其能的激励机制、有利于各类人才脱颖而出的竞争机制，培植好人才成长的沃土，让人才根系更加发达，形成天下英才聚神州、万类霜天竞自由的创新局面。

5个“要”全面部署，切实抓好落实

要坚持和加强党对科技事业的领导，坚持正确政治方向，动员全党全国全社会万众一心为实现建设世界科技强国的目标而努力奋斗。

各级党委和政府、各部门各单位要把思想和行动统一到党中央对科技事业的部署上来，切实抓好落实工作。

各级领导干部要提高科学素养，不断增强领导和推动科技创新的本领。

各级领导干部要尊重科研规律，尊重科研管理规律，尊重科研人员意见，为科技工作者创造良好环境，服务好科技创新。

各级党委和政府要放手使用优秀青年人才，为青年人才成才铺路搭桥，让他们成为有思想、有情怀、有责任、有担当的社会主义建设者和接班人。

三、提出实现高水平科技自立自强的总目标

2020年10月29日，中国共产党第十九届中央委员会第五次全体会议通过的《中共中央关于制定国民经济和社会发展第十四个五年规划和二〇三五年远景目标的建议》（以下简称《建议》）提出，要坚持创新在我国现代化建设全局中的核心地位，把科技自立自强作为国家发展的战略支撑。《建议》还对创新发展进行四方面系统部署，包括强化国家战略科技力量，提升企业技术创新能力，激发人才创新活力和完善科技创新体制机制。在2021年5月28日召开的中国科学院第二十次院士大会、中国工程院第十五次院士大会、中国科学技术协会第十次全国代表大会上，习近平总书记再次强调要“加快建设科技强国，实现高水平科技自立自强”，明确了加快建设科技强国的重要任务：第一，加强原创性、引领性科技攻关，坚决打赢关键核心技术攻坚战；第二，强化国家战略科技力量，提升国家创新体系整体效能；第三，推进科技体制改革，形成支持全面创新的基础制度；第四，构建开放创新生态，参与全球科技治理；第五，激发各类人才创新活力，建设全球人才高地。

四、深化科技体制改革

党的十八大以来，以习近平同志为核心的党中央把科技体制改革作为全面深化改革的重要内容，密集出台了一系列重大改革举措，全面发力、多点突破，涉及范围之广、触及利益之深、推进力度之大，前所未有。

2013年7月17日，习近平总书记在中国科学院考察时强调，要坚决扫除影响科技创新能力提高的体制障碍，有力打通科技和经济转移转化的通道，优化科技政策供给，完善科技评价体系。

2013年9月30日，中共中央政治局以实施创新驱动发展战略为题举行第九次集体学习，把“课堂”搬到了中关村。在这次学习中，习近平总书记指出，实施创新

驱动发展战略是一项系统工程，涉及方方面面的工作，需要做的事情很多。最为紧迫的是要进一步解放思想，加快科技体制改革步伐，破除一切束缚创新驱动发展的观念和体制机制障碍。

2015年3月，中共中央、国务院《关于深化体制机制改革加快实施创新驱动发展战略的若干意见》出台，跳出科技的固有范畴，把体制机制改革范围扩大到经济社会领域，从营造激励创新的公平竞争环境等8个方面提出了30条改革意见，这是新时代全面深化科技体制改革的“战略蓝图”。

2015年9月，中共中央办公厅、国务院办公厅发布《深化科技体制改革实施方案》，从10个方面、32项改革举措和143项政策措施出发，突出改革的系统性、制度的可行性、措施的针对性，每一项改革任务均明确具体成效、牵头部门和时间进度，确保可落地、可检验、可督查。截至2020年底，《深化科技体制改革实施方案》部署的143项任务已全面完成，重点领域和关键环节改革取得实质性突破。

2021年11月24日，中央全面深化改革委员会第二十二次会议，审议通过了《科技体制改革三年攻坚方案（2021—2023年）》。开展科技体制改革攻坚，目的是从体制机制上增强科技创新和应急应变能力，突出目标导向、问题导向，抓重点、补短板、强弱项，锚定目标、精准发力、早见成效，加快建立保障高水平科技自立自强的制度体系，提升科技创新体系化能力。该方案的主要内容是：要强化国家战略科技力量，发挥党和国家作为重大科技创新领导者、组织者的作用，构建关键核心技术攻关的高效组织体系，建立使命驱动、任务导向的国家实验室体系，布局建设基础学科研究中心，改革创新重大科技项目立项和组织管理方式，加强体系化竞争力量；要优化科技力量结构，发挥企业在科技创新中的主体作用，推动形成科技、产业、金融良性循环，加速推进科技成果转化应用；要完善科技人才培养、使用、评价、服务、支持、激励等体制机制，加快建设国家战略人才力量，在履行国家使命中成就人才、激发主体活力；要以更大勇气加快转变政府科技管理职能，坚持抓战略、抓改革、抓规划、抓服务的定位，强化规划政策引导，加强对重大科研项目的领导和指导，为企业提供更加精准的指导和服务；要根据任务需要和工作实际向科研单位和科研人员充分授权，建立责任制，立“军令状”，做到有责任、有管理、有监管，用不好授权、履责不到位的要问责，保证下放的权限接得住、用得好。

五、践行“人民至上、生命至上”，由“三个面向”到“四个面向”

2014年8月8日，习近平总书记对《中国科学院“率先行动”计划暨全面深化改革纲要》作了批示，强调要面向世界科技前沿、面向国家重大需求、面向国民经济主战场。这是他首次在公开场合提出“三个面向”。

中国科学院以“率先实现科学技术跨越发展，率先建成国家创新人才高地，率先建成国家高水平科技智库，率先建设国际一流科研机构”为目标，全面落实“三个面向”精神，积极抢占科技竞争和未来发展制高点，争取在重要科技领域成为领跑者、在新兴前沿交叉领域成为开拓者，全力打造高端科技这个现代国之利器，为经济社会发展、保障和改善民生、保障国防安全提供有力科技支撑。

实现“四个率先”目标，必须全面深化改革。要面向世界科技前沿、面向国家重大需求、面向国民经济主战场，统筹院所、学部、教育机构，精心设计和大力推进改革，清除各种有形无形的栅栏，打破各种院内院外的围墙，让机构、人才、装置、资金、项目都充分活跃起来，形成推进科技创新发展的强大合力，让中国科学院真正成为国家战略科技力量。

2014年8月18日，习近平总书记在主持召开中央财经领导小组第七次会议时再次强调“三个面向”，同时强调要精心设计和大力推进改革，让机构、人才、装置、资金、项目都充分活跃起来，形成推进科技创新发展的强大合力。

2016年5月，中共中央、国务院印发了《国家创新驱动发展战略纲要》，从战略背景、战略要求、战略部署、战略任务4个方面对实施创新驱动发展战略进行了全面系统布局。在“基本原则”部分，《国家创新驱动发展战略纲要》指出：“坚持问题导向，面向世界科技前沿、面向国家重大需求、面向国民经济主战场，明确我国创新发展的主攻方向，在关键领域尽快实现突破，力争形成更多竞争优势。”由此，“三个面向”进入党和国家政策层面，成为指导我国科技创新的行动指南。

2020年9月11日，习近平总书记在主持召开科学家座谈会时提出，我国科技事业发展要坚持“四个面向”——面向世界科技前沿、面向经济主战场、面向国家重大需求、面向人民生命健康，不断向科学技术广度和深度进军。

全心全意为人民服务是党的根本宗旨，“以人民为中心”的发展思想是习近平新时代中国特色社会主义思想的本质内核，“人民至上、生命至上”是共产党人始终如一坚定秉承的核心价值理念。习近平总书记针对重大公共卫生事件、疑难重大疾病、医疗资源不足给人民群众带来生命健康威胁等现实挑战，果断地把“面向人民生命健康”作为科技事业发展的新方向，这是科技发展以人为本理念最集中、最现实、最深刻的体现，也是坚持以人民为中心理念在科技工作上的生动体现和现实要求；这不仅展现了习近平总书记以人民为中心的执政理念，而且体现了深厚的人民情怀，更是彰显了对生命的最大敬畏和尊重。从“三个面向”到“四个面向”，标志着党中央在践行“人民至上、生命至上”价值理念上做出了新布局，标志着“面向人民生命健康”已经上升到与“面向世界科技前沿”“面向经济主战场”“面向国家重大需求”同样高度，昭示未来中国必将加快生命健康领域科技发展步伐，加紧补齐生命健康科技研究短板，加速提高生命健康科技事业创新能力，加大面向医疗卫生领域科技投入力度，为不断满足人民对美好生活的向往奠定坚实的科技基础、能力基础和实力基础。

“四个面向”对我国新时代推进科技事业发展指导思想的重大完善、重大提升、重大创新，标志着科技事业发展指导思想内容更加系统、体系更加完整、思路更加成熟，成为新时代引领科技事业发展最新的指导思想和行动指南。

六、不断优化科技创新生态

2018年3月28日召开的中央全面深化改革委员会第一次会议审议通过了《关于深化项目评审、人才评价、机构评估改革的若干意见》《关于进一步加强科研诚信建设的若干意见》，指出要遵循科技人才发展和科研规律，统筹自然科学和哲学

两院院士大会（2018年5月28日至6月1日）

社会科学等不同学科门类，科学设立评价目标、指标、方法，发挥好评价指挥棒和风向标作用，营造潜心研究、追求卓越、风清气正的科研环境。强调要进一步加强科研诚信建设，要坚持预防和惩治并举，坚持自律和监督并重，坚持无禁区、全覆盖、零容忍，推进科研诚信建设制度化，严肃查处违背科研诚信要求的行为，营造诚实守信、追求真理、崇尚创新、鼓励探索、勇攀高峰的良好科研氛围。

2019年6月，中共中央办公厅、国务院办公厅印发了《关于进一步弘扬科学家精神加强作风和学风建设的意见》，对弘扬科学家精神、加强作风学风建设做出全面部署，提出了若干重点措施，可以概括为4个方面。一是自觉践行、大力弘扬新时代科学家精神，提出要大力弘扬胸怀祖国、服务人民的爱国精神，勇攀高峰、敢为人先的创新精神，追求真理、严谨治学的求实精神，淡泊名利、潜心研究的奉献精神，集智攻关、团结协作的协同精神，甘为人梯、奖掖后学的育人精神。二是加强作风学风建设，营造风清气正的科研环境。要求崇尚学术民主，坚守诚信底线，反对浮夸浮躁、投机取巧，反对科研领域“圈子”文化。三是转变政府职能，构建良好科研生态。明确深化科技管理体制机制改革、正确发挥评价引导作用、大力减轻科研人员负担等要求。四是加强宣传，营造尊重人才、尊崇创新的舆论环境。强调要大力宣传科学家精神，创新宣传方式，加强宣传阵地建设。

2020年9月11日，习近平总书记在科学家座谈会上发表重要讲话指出，科学家精神是科技工作者在长期科学实践中积累的宝贵精神财富，强调“要大力弘扬科学家精神”，并重点阐述了爱国精神和创新精神，强调“科学无国界，科学家有祖国”，科技工作者要把自己的科学追求融入建设社会主义现代化国家的伟大事业中去，树立敢于创造的雄心壮志，努力实现更多“从0到1”的突破，不断向科学技术广度和深度进军。

2021年5月28日，在两院院士大会、中国科学技术协会第十次全国代表大会

两院院士大会与会代表

上，习近平总书记再次强调，新时代更需要继承发扬以国家民族命运为己任的爱国主义精神，更需要继续发扬以爱国主义为底色的科学家精神。

2021年9月27日，在中央人才工作会议上，习近平总书记把“坚持弘扬科学家精神”作为新时代人才工作新理念、新战略、新举措中的一条予以阐述。习近平总书记关于弘扬科学家精神的重要论述，从国家发展全局的需要出发，从党领导科技事业的经验出发，从我国科技创新的现状出发，深刻阐述了弘扬科学家精神对于实现高水平科技自立自强、建设世界科技强国、实现中华民族伟大复兴中国梦的重要意义。

七、深度参与全球科技治理

2018年5月28日，习近平总书记在中国科学院第十九次院士大会、中国工程院第十四次院士大会上的讲话中强调，深度参与全球科技治理，贡献中国智慧，着力推动构建人类命运共同体。科学技术是世界性的、时代性的，发展科学技术必须具有全球视野。

2020年9月11日，习近平总书记在科学家座谈会上的讲话指出，加强国际科技合作。国际科技合作是大趋势。我们要更加主动地融入全球创新网络，在开放合作中提升自身科技创新能力。越是面临封锁打压，越不能搞自我封闭、自我隔绝，而是要实施更加开放包容、互惠共享的国际科技合作战略。

在2021年两院院士大会、中国科学技术协会第十次全国代表大会上的讲话中，习近平总书记指出，要构建开放创新生态，参与全球科技治理。要统筹发展和安全，以全球视野谋划和推动创新，积极融入全球创新网络，聚焦气候变化、人类健康等问题，加强同各国科研人员的联合研发。要主动设计和牵头发起国际大科学计划和大科学工程，设立面向全球的科学研究基金。这表明，党和国家对我国参与全球科技治理的高度重视，科学技术具有世界性、时代性，是人类共同的财富。

习近平总书记在向2021年中关村论坛视频致贺时指出，当今世界，发展科学技术必须具有全球视野，把握时代脉搏，紧扣人类生产生活提出的新要求。中国高度重视科技创新，致力于推动全球科技创新协作，将以更加开放的态度加强国际科技交流，积极参与全球创新网络，共同推进基础研究，推动科技成果转化，培育经济发展新动能，加强知识产权保护，营造一流创新生态，塑造科技向善理念，完善全球科技治理，更好增进人类福祉。

习近平总书记的重要论述，为我们推动全球科技创新协作、积极参与全球创新网络、营造一流创新生态、通过科技创新共同应对时代挑战提供了根本遵循。我国坚持融入全球科技创新网络，深度参与全球科技创新治理，以更加开放的态度深度参与全球科技治理、不断贡献中国智慧，有助于让中国科技为推动构建人类命运共同体作出更大贡献。

新时代中国科技创新的竞争优势

党的十八大以来，以习近平同志为核心的党中央，把创新作为引领发展的第一动力，摆在党和国家发展全局的核心位置，立足中国特色，着眼全球发展大势，把握阶段性特征，对新时代科技创新谋篇布局。在目标上，我们建设创新型国家和科技强国；在摆位上，把科技自立自强作为国家发展的战略支撑；在战略上，我们持续深入实施创新驱动发展战略；在路径上，我们坚定不移走中国特色自主创新道路。我国科技事业的蓝图已经画就，我们的科技创新事业在不断向前发展，取得了令世人瞩目的巨大成就，形成了独具特色的竞争优势。

一、我国综合创新能力显著增强

世界知识产权组织、美国康奈尔大学、欧洲工商管理学院联合发布的《2021年全球创新指数报告》显示，2020年中国的创新指数排名跃升至第12位，位居中等收入经济体首位。世界经济论坛发布的2019年度《全球竞争力报告》显示，在主要新兴经济体金砖国家中，中国竞争力最突出，在全球竞争力指数中排名第28位。瑞士洛桑国际管理发展学院发布的《2022年世界竞争力报告》显示，中国从2012年的23位跃居2021年的第17位。中国科技进步贡献率从2012年的52.2%提升至2021年的超过60%。2021年中国发明专利授权量69.6万件，比2012年增长2.2倍，自2019年国际专利申请量连续3年居全球首位。

二、科技创新取得了重大突破

党的十八大以来，我国科技实力正在从量的积累迈向质的飞跃、从点的突破迈向系统能力提升，科技创新取得新的历史性成就。

面向世界科技前沿，科学研究整体水平快速提升，取得一批具有国际影响力的原创成果。化学、材料、物理、工程等学科整体水平明显提升，在量子信息、干细胞、脑科学等方向实现重大突破；首次观测到三维量子霍尔效应，首次实现原子级石墨烯可控折叠，研发出世界首款异构融合类脑计算芯片“天机芯”等；“嫦娥”奔月、“祝融”探火、“羲和”逐日，悟空、墨子、慧眼、碳卫星等科学实验卫星成功发射。

面向经济主战场，为经济社会发展注入新动能。以关键核心技术突破推动产业向中高端攀升。高性能装备、智能机器人、增材制造、激光制造等技术突破有力推动制造业升级发展，新能源汽车、新型显示产业规模居世界第一；以新兴前沿技术应用培育新产业新业态，超级计算、大数据、区块链、智能技术等加快应用，推动人工智能、数字经济蓬勃发展；以更高质量的科技供给满足人民群众多样化的消费需求，移动支付、远程医疗、在线教育等新技术新模式深刻改变传统生活方式。

面向国家重大需求，为完成重大任务、实现重大目标提供系统的科技解决方案。支撑能源安全，深海油气、页岩气等勘探技术、煤炭清洁高效利用、高温气冷堆技术不断取得突破，国和一号实现压水堆从二代到三代的跨越，清洁能源消费量占比由2012年的14.5%提高到2021年的25.5%；支撑粮食安全和乡村振兴，聚焦土地和种子加强研发攻关，创制一批水稻、小麦、玉米新品种，粮食单产由2012年的亩产357公斤提高到2021年的亩产387公斤；工程科技取得重要进展，在港珠澳大桥、北京大兴国际机场等重大工程提供了关键支撑。

面向人民生命健康，为疾病防治、公共卫生提供科技保障。组织全国力量开展新冠肺炎疫情防控科研攻关，聚焦临床救治和药物、疫苗研发、检测技术和产品、病毒病原学和流行病学、动物模型构建5个方向开展攻关，打了一场成功的科技抗疫战。加快药物和医疗器械研发，通过实施新药创制重大专项，我国获批1类新药从2012年之前的5个达到现在的75个，以正电子磁共振扫描系统（PET/MR）为代表的一批国产高端医疗器械投入使用。

三、有独立完整的现代工业体系和跨越式发展的重大科技基础设施

历经新中国成立后70余年的发展，我国已建成门类齐全、独立完整的现代工业体系，共有41个大类、207个中类、666个小类，是全球唯一一个拥有联合国产业分类中全部工业门类的国家。用70年时间走过了发达国家几百年的工业化历程，创出一条中国特色新型工业化发展之路，创造了人类发展史上的奇迹。

国家重大科技基础设施建设是为探索未知世界、发现自然规律、实现技术变革提供极限研究手段的大型复杂科学研究系统，是突破科学前沿、解决经济社会发展和国家安全重大科技问题的物质技术基础，对于增强中国原始创新能力、实现重点领域跨越、保障科技长远发展、实现从科技大国迈向科技强国的目标具有重要意义。

“十二五”期间，我国启动建设了高海拔宇宙线观测站、高效低碳燃气轮机试验装置等15项重大科技基础设施；“十三五”期间，在基础科学、能源、地球系统与环境、空间和天文以及部分多学科交叉领域，启动建设了高能同步辐射光源、硬X射线自由电子激光装置等9项设施。目前，我国在建和运行的重大科技基础设施项目总量达57个，部分设施综合水平迈入全球“第一方阵”，我国已建成数量上仅次于美国的重大科技基础设施和条件平台。党的十八大以来，我国重大科技基础设施为开展基础研究和应用研究提供了重要平台，产生了一大批重大原创成果，催生了一批战略性产业技术。在全球范围内吸引和培养了一大批领军人才，推动我国粒子物理、凝聚态物理、天文、空间科学、生命科学等领域部分

前沿方向的科研水平迅速进入国际先进行列。

四、科技人力资源规模居世界首位

我国科技人才队伍不断壮大，已形成全球最完整的学科体系和最大规模的人才体系，2021年全国研发人员总量预计为562万人，稳居世界第1位。从人力资本发展情况看，我国在世界经济论坛《2018年度全球人力资本指数》评价的130个国家中排名第34位。2022年，美国国家科学委员会发布的《科学与工程指标》报告指出，尽管美国在过去20年所培养的科学与工程本科生数量几乎翻了一倍，但我国仍在数量上碾压美国。

五、企业科技创新能力快速提升

党的十八大以来，相关部委相继出台了一系列完善激励企业创新的政策，如设立科创板、北京证交所（新三板），鼓励高新技术企业直接上市融资；加大研发费用加计扣除、高新技术企业税收优惠，企业研发费用加计扣除比例从2012年的50%、2018年的75%企业研发费用加计扣除比例从2012年的50%、2018年的75%，提升到2022年科技型中小企业和制造业企业的100%。政策引导使企业的研发投入加大，创新动力和活力得以激发。企业科技投入力度不断加大，占全社会研发投入比例达76%以上；全国高新技术企业数量从十多年前的4.9万家，增加到2021年的33万家，研发投入占全国企业投入的70%，上交税额由2012年的0.8万亿，增加到2021年的2.3万亿。在上海证交所科创板、北京证交所上市的企业中，高新技术企业占比超过90%。2022年8月，科技部、财政部联合制定《企业技术创新能力提升行动方案（2022—2023年）》，从推动惠企创新政策扎实落地、建立企业常态化参与国家科技创新决策的机制、引导企业加强关键核心技术攻关、支持企业前瞻布局基础前沿研究、促进中小企业成长为创新重要发源地、加大科技人才向企业集聚的力度、强化对企业创新的风险投资等金融支持、加快推进科技资源和应用场景向企业开放、加强产学研用和大中小企业融通创新、提高企业创新国际化水平等10个方面支持企业加强技术创新。

六、市场广阔、数据资源极大丰富，数字经济高速增长

科技对经济社会发展的影响前所未有，我国庞大的市场容量和巨大的技术需求，为科技发展提供了广阔空间。巨大的市场潜力又可支撑起众多技术的应用和试验。丰富的数据资源是我国发展数字经济的最大优势，数字经济正推动生产方式、生活方式和治理方式深刻变革，将成为我国在应对百年未有之大变局中重组要素资源、重塑经济结构、改变竞争格局的关键力量。2012年以来，我国数字经济规模占GDP的比重不断提升，数字经济年均增速显著高于同期GDP平均增速，已成为支撑经济高质量发展的关键力量。根据我国信息通信研究院发布的《中国数字经济发展报告（2022年）》，2021年我国数字经济规模达到45.5万亿元，同比名义增长16.2%，占GDP比重达到39.8%。数字经济在国民经济中的地位更加稳固，支撑作用更加明显，已经成为经济发展的引领力量。

七、积极融入全球科技创新网络，我国科技国际影响力快速提升

我国依靠主动融入全球创新网络推动科技创新事业发展，科技创新能力不断提升，又为在更高水平上促进国际科技合作提供支撑。目前，我国已经与160多个国家和地区建立了科技合作关系，参与涉及科技的国际组织和多边机制超

过200个，签订114个政府间科技合作协定，启动53家“一带一路”联合实验室建设。创立了“一带一路”沿线国家科学院联盟，这是我国创立的首个实质性、综合性国际科教组织。国际子午圈大科学计划、人类表型组国际大科学计划、泛第三极环境研究……我国积极为各国科学家加强交流合作搭建平台，“中国天眼”已向来自全球14个国家、27个科学项目提供科学观测时间。2021年11月，科睿唯安发布2021年度“高被引科学家”名单，全球共有6 602人次入选，我国内地共有935人次入选，排名第二，占比14.2%，远高于2018年的7.9%。我国内地科学家在高被引科学家名单中所占比例几乎翻了一番。由于取得世界领先成果，多位优秀科学家代表我国首次获得国际重要科技奖项，显示了我国科技国际影响力的提升。例如，王贻芳院士于2015 年获基础物理学突破奖，成为首位获得这一奖项的中国科学家。曾庆存院士于 2016 年获国际气象组织奖这一国际气象界最高奖。姚檀栋院士于 2017 年获有地理学领域的诺贝尔奖之称的维加奖，成为首位获该奖的亚洲科学家。潘建伟院士以“带领中国成为远距离量子通信技术的领导者”入选《自然》评出的 2017 年度全球十大科学人物。谭铁牛院士荣获2022年度国际模式识别最高奖——傅京孙奖，以表彰他在模式识别领域所取得的杰出成就，这是该奖自1988年设立以来首次颁授予北美和欧洲地区以外的学者。

经过多年努力，我国科技整体水平大幅提升，我国的科技创新由过去的跟踪、跟跑为主，转向跟跑、并跑、领跑“三跑并存”新阶段，我国已成为具有重要影响力的科技大国，实现了主要领域的科技自立。但我们应清醒地看到：我国科技创新发展受到原始创新能力不够强的制约；关键核心技术受制于人的局面还没有得到根本扭转，重要领域、重要产业乃至国家安全保障面临严峻挑战；国家创新体系整体效能还不高，高端创新人才短缺。历史经验表明，科技革命容易引发世界科技中心的转移，把握变革机遇的国家可能跃升为新的科技中心。当今世界科技革命及产业变革突飞猛进，我们完全有基础、有底气、有信心、有能力乘势而上，早日实现高水平科技自立自强。

新时代重要科技创新突破涌现的原因

一、党和国家领导人对科技的高度重视

中国共产党历来高度重视科技事业，特别是党的十八大以来，以习近平同志为核心的党中央准确把握世界科技创新发展大势，坚持党对科技事业的领导，坚持建设世界科技强国的奋斗目标，对科技事业重视程度之高、出台政策密度之大、推动力度之强前所未有。中国共产党的坚强领导和中国特色社会主义制度是我们实现高水平科技自立自强的政治优势。

党的十八大以来，以习近平同志为核心的党中央挺立时代潮头，密切跟踪关注科技创新发展最前沿和新趋势，带头学习新科技。

第十八届中央政治局集体学习43次，与科技直接或者间接有关的4次，包括：第八次，建设海洋强国研究；第九次，实施创新驱动发展战略；第十七次，世界军事发展新趋势和推进我军军事创新；第三十六次，实施网络强国战略。

第十九届中央政治局集体学习41次，与科技直接或者间接有关的14次，包括：第二次，实施国家大数据战略，加快建设数字中国；第三次，建设现代化经济体系；第九次，人工智能发展现状和趋势；第十八次，区块链技术发展现状和趋势；第十九次，我国应急管理体系和能力建设；第二十二次，加强国防和军队现代化建设；第二十四次，量子科技研究和应用前景；第二十六次，切实做好国家安全工作；第二十九次，新形势下加强我国生态文明建设；第三十三次，加强我国生物安全建设；第三十四次，推动我国数字经济健康发展；第三十六次，努力实现碳达峰碳中和目标；第三十九次，深化中华文明探源工程；第四十一次，深入实施新时代人才强军战略。

二、通过规划与科技体制改革促进科技发展

习近平总书记指出，如果把科技创新比作我国发展的新引擎，那么改革就是点燃这个新引擎必不可少的点火系。党的十八大以来，以习近平同志为核心的党中央对科技体制改革作出一系列重要战略部署，强化创新驱动的顶层设计，搭建科技体制改革的“四梁八柱”，建设中国特色国家创新体系。

党的十八大提出实施创新驱动发展战略，并在2016年5月印发了《国家创新驱动发展战略纲要》，分别提出了到2020年、2030年、2050年的科技创新战略目标，极大地推动了中国的创新型国家建设及助力中华民族的伟大复兴。中国共产党第十九次代表大会进一步明确了创新在引领经济社会发展中的战略地位，标志着创新驱动作为一项基本国策，在新时代中国发展的征程上，将发挥越来越显著的战略支撑作用。古巴国际经济研究中心专家卡洛斯·路易斯·埃查瓦里亚·卡夫雷拉认为，在如何通过规划促进科技发展方面，中国是一个值得研究的例子，国家的力量已成为制定指导方针、促进科技进步的基础。他指出，在很大程度上，中国设计和实施科技发展战略的动态性是取得目前成功的原因，根据国家发展的不同阶段判断本国实际情况，这使其在每个时期都能采取可行的政策，同时又始终坚持，令中国成为创新强国的愿景逐步变为现实。

我国科技体制改革全面发力、多点突破、持续向纵深推进。截至2020年底，《深化科技体制改革实施方案》提出的143项科技体制改革任务已经全面完成，重点领域和关键环节改革取得实质性进展，科技创新的基础性制度框架基本确立。科技体制改革极大释放了创新引擎的动能，助推国家创新体系整体效能显著提升。

三、科研投入持续增长

我国的研发投入在2012—2020年期间稳步上升。国家统计局的数据显示，2012年，

我国国内生产总值为53.86万亿元；全国共投入研究与试验发展经费为10 298.4亿元，研究与试验发展经费投入强度（与国内生产总值之比）为1.91%。2021年，我国国内生产总值为114.4万亿元人民币，全国共投入研究与试验发展经费为27 864亿元，研究与试验发展经费投入强度为2.44%。2021年公布的“十四五”规划，为我国到2025年的经济和社会发展设定了路线。为寻求科技上的自立自强，我国决定在这五年中让全社会研发经费投入年均增长7%以上。

年份	研究与试验发展经费	基础研究投入经费	研究与试验发展经费投入强度（与国内生产总值之比）
2012	10 298.4亿元	498.8亿元	1.91%
2013	11 846.6亿元	555.0亿元	1.99%
2014	13 015.6亿元	613.5亿元	2.02%
2015	14 169.9亿元	716.1亿元	2.06%
2016	15 676.7亿元	822.9亿元	2.11%
2017	17 606.1亿元	975.5亿元	2.15%
2018	19 677.9亿元	1 090.4亿元	2.14%
2019	22 143.6亿元	1 335.6亿元	2.23%
2020	24 393.1亿元	1 467.0亿元	2.41%
2021	27 864.0亿元	1 696.0亿元	2.44%

数据来源：2012—2021年全国科技经费投入统计公报。

四、将人才视为“第一资源”，释放人才创新活力

从全面实施重大人才工程，到深化人才发展体制机制改革，从作出加快建设人才强国的重大决策，到部署全方位培养引进用好人才……党的十八大以来，以习近平同志为核心的党中央广开进贤之路、广纳天下英才，领导推动新时代人才工作取得历史性成就、发生历史性变革，奏响了人才发展与民族复兴同频共振的铿锵乐章。全国人才资源总量快速壮大。专业技术人才从2010年的5 550.4万人增长到2019年的7 839.8万人，我国由此成为全球规模最宏大、门类最齐全的人才资源大国。人才发展与科技创新相互成就，从“嫦娥”飞天到“蛟龙”入海，从“天眼”探空到“墨子”传信，从“北斗”组网到“神威”超算，从5G商用全面推进到新冠疫苗加速研制……一批重大科技创新成果喷涌而出，一些前沿领域开始进入并跑、领跑阶段，我国科技实力实现历史性跨越，在全球创新版图中的位势节节攀升。2015年以来，国家相关部门先后修订《中华人民共和国促进科技成果转化法》，发布《实施〈中华人民共和国促进科技成果转化法〉若干规定》，制定《促进科技成果转移转化行动方案》。促进科技成果转移转化的这三部曲，让科研人员可以凭成果致富。2017年，《关于深化高等教育领域简政放权放管结合优化服务改革的若干意见》扩大了高校和科研院所自主权。2018年，《关于深化项目评审、人才评价、机构评估改革的意见》印发后，18项具体政策措施分别对项目评审、人才评价、机构评估工作提出了有针对性的改革举措；《关于优化科研管理提升科研绩效若干措施的通知》则推进科技领域“放管服”改革，建立完善以信任为前提的科研管理机制，减轻科研人员负担，赋予科研人员和科研单位更大科研自主权。2021年7月，《关于完善科技成果评价机制的指导意见》印发，围绕科技成果“评什么”“谁来评”“怎么评”“怎么用”完善评价机制，作出明确工作安排部署；8月，《国务院办公厅关

于改革完善中央财政科研经费管理的若干意见》发布。一份份改革文件接续出台，持续破解人才工作体制机制障碍，中国特色人才制度优势进一步彰显。

五、高度重视国家战略科技力量建设

战略科技力量的影响力和支撑力，直接关系到我国综合国力和国际竞争力的提升，是促进经济社会发展、保障国家安全的“压舱石”。党的十八大以来，以习近平同志为核心的党中央，以前所未有的力度加强国家战略科技力量建设，推动国家创新体系整体效能显著提升，引领带动我国科技创新事业发生历史性变革、取得历史性成就。

国家战略科技力量代表了国家科技创新的最高水平，是国家创新体系的中坚力量。作为国家战略科技力量的重要组成部分，国家实验室要按照“四个面向”的要求，紧跟世界科技发展大势，适应我国发展对科技发展提出的使命任务，多出战略性、关键性重大科技成果；国家科研机构要以国家战略需求为导向，着力解决影响制约国家发展全局和长远利益的重大科技问题，加快建设原始创新策源地，加快突破关键核心技术；高水平研究型大学要发挥基础研究深厚、学科交叉融合的优势，成为基础研究的主力军和重大科技突破的生力军；科技领军企业要发挥市场需求、集成创新、组织平台的优势，打通从科技强到企业强、产业强、经济强的通道。中国科学院、中国工程院作为国家战略科技力量的国家队，要发挥学术引领作用、关键核心技术攻关作用、创新人才培养作用，解决重大原创的科学问题，勇闯创新“无人区”，突破制约发展的关键核心技术，发现、培养、集聚一批高素质人才和高水平创新团队。

经过多年努力，我国科技整体水平大幅提升，同时也存在原始创新能力还不强、创新体系整体效能还不高、科技创新资源整合还不够、科技创新力量布局有待优化、科技投入产出效益较低、科技人才队伍结构有待优化等问题，需要继续下大气力加以解决。要着力提升国家创新体系整体效能，坚持科技创新和制度创新“双轮驱动”，以问题为导向，以需求为牵引，在实践载体、制度安排、政策保障、环境营造上下功夫，在创新主体、创新基础、创新资源、创新环境等方面持续用力，优化和强化技术创新体系顶层设计，明确企业、高校、科研院所创新主体在创新链不同环节的功能定位，激发各类主体创新激情和活力。各地区要立足自身优势，结合产业发展需求，科学合理布局科技创新。要支持有条件的地方建设综合性国家科学中心或区域科技创新中心，使之成为世界科学前沿领域和新兴产业技术创新、全球科技创新要素的汇聚地。

科技是国家强盛之基，创新是民族进步之魂。坚持创新在我国现代化建设全局中的核心地位，把科技自立自强作为国家发展的战略支撑，继续发挥新型举国体制优势，强化国家战略科技力量，提升国家创新体系整体效能，我们就一定能跻身创新型国家前列、实现建设世界科技强国的奋斗目标。

2021年5月28日，习近平总书记在中国科学院第二十次院士大会、中国工程院第十五次院士大会、中国科协第十次全国代表大会上的讲话指出，强化国家战略科技力量，提升国家创新体系整体效能。世界科技强国竞争，比拼的是国家战略科技力量。国家实验室、国家科研机构、高水平研究型大学、科技领军企业都是国家战略科技力量的重要组成部分，要自觉履行高水平科技自立自强的使命担当。

屠呦呦获得诺贝尔生理学或医学奖

我国女科学家屠呦呦从中药中分离出青蒿素应用于疟疾治疗，
这表明我国传统的中草药也能给科学家们带来新的启发。

2015年10月5日，瑞典卡罗琳医学院在斯德哥尔摩宣布，将2015年诺贝尔生理学或医学奖授予中国女药学家屠呦呦，以表彰其在疟疾治疗方面的突出贡献。屠呦呦团队自20世纪六七十年代开始，在极为艰苦的条件下，受《肘后备急方》等中医药古典文献的启发，从中药中分离出青蒿素（Artemisinin）应用于疟疾治疗，开创了疟疾治疗新方法，而以青蒿素为基础的复方药物已经成为疟疾的标准治疗药物，并被世界卫生组织列入其基本药品目录，使疟疾患者的死亡率显著降低，全球数亿人因此而受益。这一成就挽救了全球特别是发展中国家数百万人的生命，在世界抗疟史上具有里程碑意义。

在20世纪60年代初，恶性疟原虫已成为当时影响越南很严重的急性传染病致病源。越南方面受条件限制求助中国帮助解决疟疾防治问题。1967 年 5月下旬，国家科学技术委员会和中国人民解放军总后勤部开始布置全国疟疾防治药物研究工作，并将其命名为“523 任务”，成员有国家科学技术委员会、国防科学技术工业委员会、中国人民解放军总后勤部、国家卫生健康委员部、中国科学院等部门。

1969 年初，北京中药研究所加入“523 任务”，由屠呦呦担任“中医中药专业组”组长，以上海市中医文献馆编著的《疟疾专辑》为蓝本，对药物进行重点筛选。经过艰苦卓绝的努力，项目组在1971年7—10月的多次筛选中，发现青蒿乙醚提取物对疟疾有显著的抑制作用，抑制率从

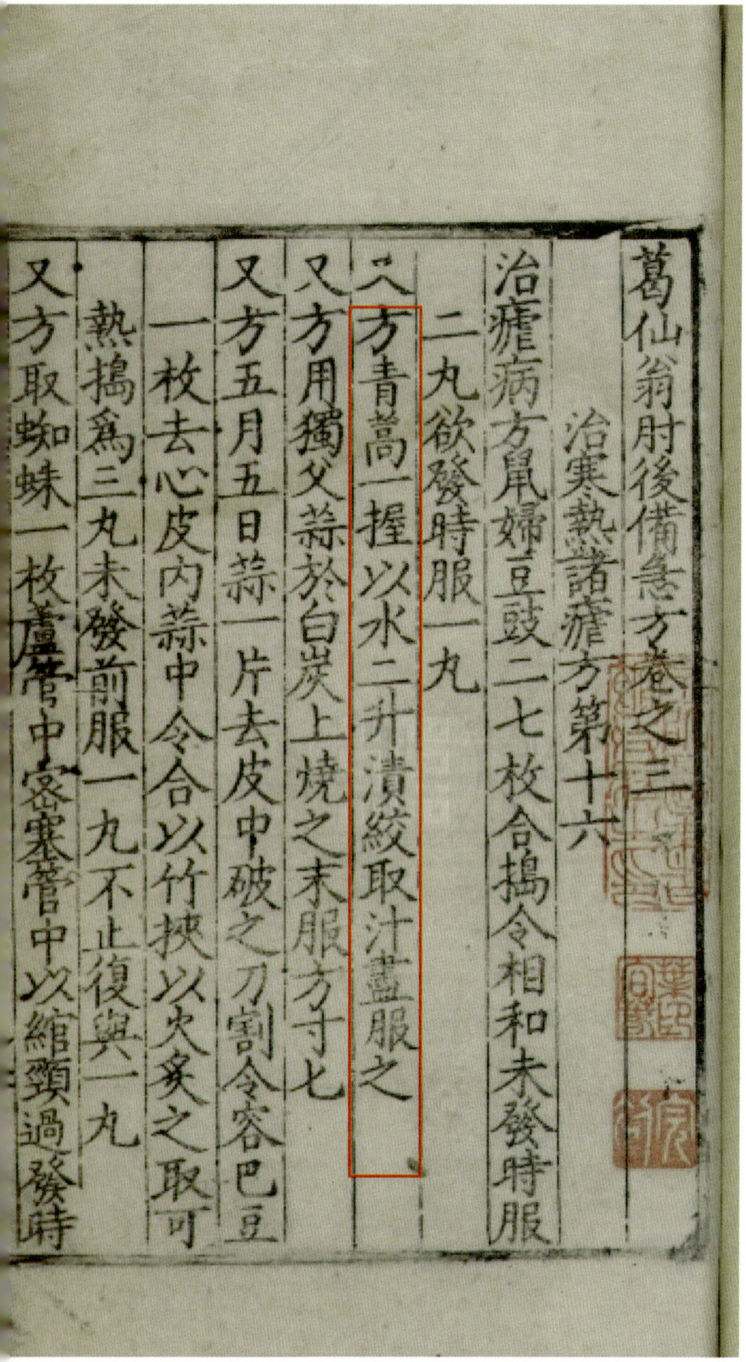
葛仙翁肘後備急方卷之三
治寒熱諸瘧方第十六
治瘧病方鼠婦豆豉二七枚合擣令相和未發時服
二丸欲發時服一丸
又方青蒿一握以水二升漬絞取汁盡服之
又方用獨父蒜於白炭上燒之末服方寸匕
又方五月五日蒜一片去皮中破之刀割令容巴豆
一枚去心皮內蒜中令合以竹挾以火炙之取可
熱擣爲三丸未發前服一丸不止復與一丸
又方取蜘蛛一枚蘆管中密塞管中以綰頸過發時

明嘉靖时期襄阳知府吕颙刊本《葛仙翁肘后备急方》（卷之三治寒热诸疟方第十六）

最初的12%提升至100%。此后，经临床试验证明，青蒿素及其衍生物在治疗疟疾的过程中，并未发现特别明显的副作用。目前，以青蒿素类药物为主的联合疗法是治疗疟疾最有效、最重要的手段，也是中草药在疾病治疗方面的突出应用。

青蒿素是一种有机化合物，分子式为$C_{15}H_{22}O_5$，相对分子质量282.34，它为无色针状结晶，熔点为156～157℃，易溶于氯仿、丙酮、乙酸乙酯和苯，可溶于乙醇、乙醚，微溶于冷石油醚，几乎不溶于水。因具有特殊的过氧基团，它对热不稳定，易受湿、热和还原性物质的影响而分解。

青蒿素结构中过氧键具有氧化性，是抗疟的必需基团。作用机理是青蒿素在体内产生的自由基团与虐原蛋白结合，改变疟原虫的细胞膜结构，使线粒体的双层膜胀裂，最终脱落，导致疟原虫的细胞结构和功能受到破坏，同时细胞核内的染色质也会受到一定影响。另一方面，氨基酸是构成蛋白质的基本物质，青蒿素作用后，疟原虫对异亮氨酸的吸收减少，导致虫体蛋白的合成受阻。黄花蒿不仅可以杀灭病原虫，还具有抗血吸虫、治疗弓形虫感染、抗卡氏肺孢子虫和抗球虫等。

近年来，随着研究的深入，青蒿素的其他作用也越来越多被发现和应用研究，如抗肿瘤、治疗肺动脉高压、抗糖尿病、抗真菌、免疫调节、抗肺纤维化等多种药理作用。

因创制新型抗疟药——青蒿素和双氢青蒿素的贡献，并为促进全人类健康、减少病痛作出了巨大贡献，2016年屠呦呦获得了年度国家最高科学技术奖，2019年她被授予“共和国勋章”。

长期以来，我国广大科技工作者包括医学研究人员默默耕耘、无私奉献、团结协作、勇攀高峰，取得许多高水平成果。屠呦呦获得诺贝尔生理学或医学奖，是中国科技繁荣进步的体现，是中医药对人类健康事业作出巨大贡献的体现，充分展现了我国综合国力和国际影响力的不断提升。

悟空号暗物质粒子探测卫星

悟空号暗物质粒子探测卫星是目前世界上观测能段范围最宽、能量分辨率最优的暗物质粒子探测卫星。

宇宙是如何起源和演化的，地球之外是否还有生命存在，太阳大爆炸是否会影响人类生存……这些人类未知的命题都要靠空间科学研究来回答。譬如，空间生命科学及其母学科涵盖了极其广阔的研究范畴，具有深化认识生命现象和支撑载人航天可持续发展的双重目的。1957年10月4日，苏联发射了世界上第一颗人造卫星“Sputnik 1”，太空逐鹿时代由此开启。

近几十年，人类发射了约700颗专门用于空间科学研究的卫星和深空探测器。反观我国一度出现重应用轻科学、空间科学研究严重依赖对他国公开数据的二次分析的弊端。实际上空间科学对航天技术具有牵引和带动作用，而且对经济社会发展也有明显促进作用，如空间生命科学可为创新生物材料、药物和医疗技术提供无限可能。2011年1月，中国科学院首批空间科学战略性先导科技专项正式启动，共部署了暗物质粒子探测卫星（悟空号）、返回式科学实验卫星（实践十号）、量子科学实验卫星（墨子号）以及硬X射线调整望远镜卫星（慧眼号）4颗科学卫星工程任务的研制工作。

悟空号暗物质粒子探测卫星（Dark Matter Particle Explorer，DAMPE）是首批立项研制的4颗科学实验卫星中的“首发星”。2015年12月17日8时12分，我国在酒泉卫星发射中心用长征二号丁运载火箭成功将悟空号发射升空至高约500千米的晨昏太阳同步轨道。

悟空号暗物质粒子探测卫星是目前世界上观测能段范围最宽、空间和能量分辨率世界领先的高能粒子探测卫星。卫星上装载的暗物质粒子探测器，将在太空中开展高能电子及高能γ射线探测任务，探寻暗物质存在的证据，研究暗物质特性与空间分布规律。它将替代人类的眼睛，面向浩渺宇宙，寻找宇宙中失踪物质的踪迹，以便人类更多地了解“笼罩在21世纪初物理学天空中的两朵乌云”——暗物质和暗能量。

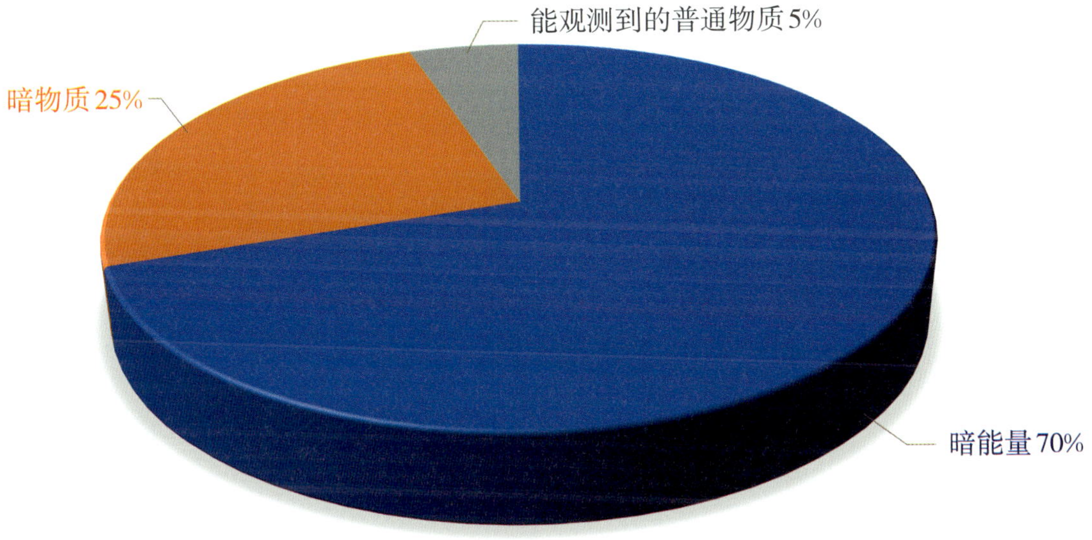

天文观测表明，宇宙中最重要的成分是暗物质和暗能量，其中暗物质约占宇宙质量的25%，暗能量约占70%，通常所观测到的普通物质约占5%。相关研究发现，一些不明来历的高能电子可能是暗物质粒子湮灭的证据。现有基本的物理知识无法解释暗物质。一旦找到暗物质，将会带来物理学的革命性突破。为了进一步追寻暗物质的踪迹，我国科学家提出了研制“暗物质粒子探测卫星”计划。在茫茫宇宙中寻找暗物质并非易事，传统方法是采用大型探测器如诺贝尔物理学奖获得者丁肇中教授研制的重达7吨的“阿尔法磁谱仪2”探测器。

悟空号是一个空间望远镜，整星质量1 850千克，有效载荷质量1 410千克，尺寸只有1.5米 × 1.5米 × 1.2米。它由一个塑闪阵列探测器、硅阵列探测器、电磁量能器和中子探测器组成，4种探测器一层层组装，像一个倒立的4层蛋糕。整个卫星的BGO量能探测器有4.2万路电子学读出电路、168路高压电源及近8万路探测器通道数等，构造特别复杂。其能量分辨率、电子和 γ 射线的观测能段范围都是世界第

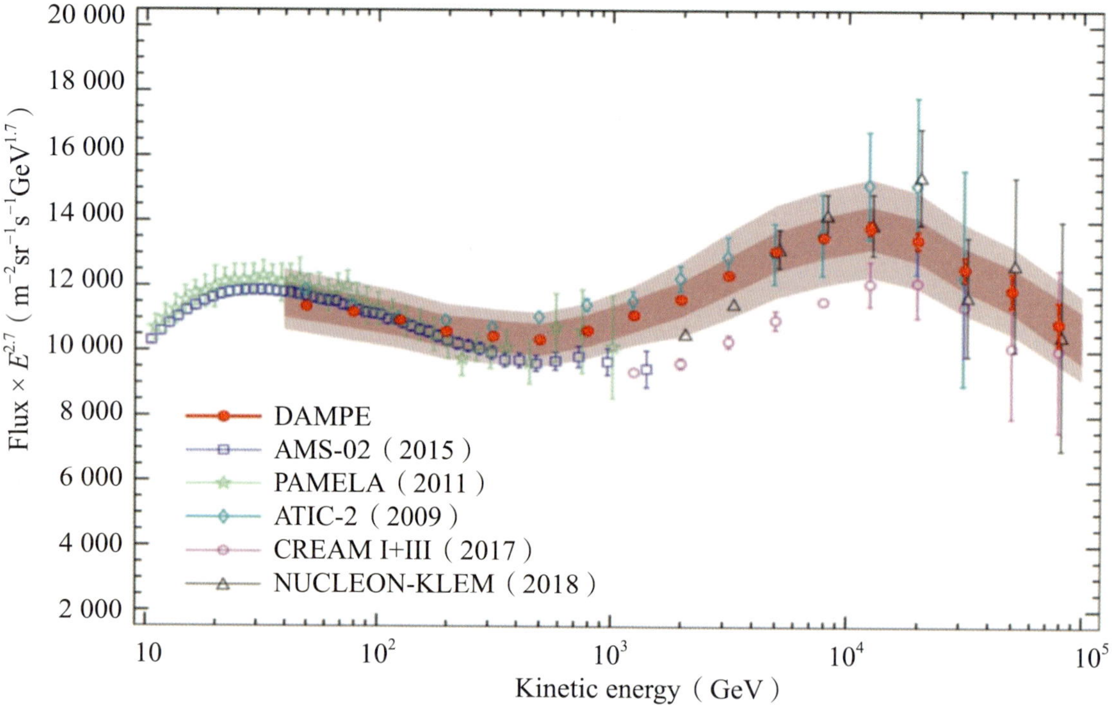

悟空号（DAMPE）探测的40GeV~100TeV能段质子宇宙射线能谱

一，空间分辨率即角分辨率、本底抑制都和国际最高水平基本相当。它的观测能段是安置于国际空间站的阿尔法磁谱仪的10倍，探测器能量分辨率比其他同类探测器还要高出3倍以上。

悟空号的主要科学目标是以更高的能量和更好的分辨率来测量宇宙射线中正负电子之比，以找出可能的暗物质信号。它有很大潜力来加深人类对于高能宇宙射线传播机制的理解，也有可能在高能 γ 射线天文方面有新发现。与国际上其他暗物质探测卫星相比，有3个显著优势。

（1）能够测量的宇宙射线的能量非常高，可以测量到104个GeV。

（2）能量分辨率高，可以达到1%左右，测得比较准。

（3）测量能量的本底比较低，即区分电子和质子的能力非常强。

发射成功后，悟空号在轨运行的前530天共采集了约28亿颗高能宇宙射线，其中包含约150万颗25 GeV以上的电子宇宙射线。悟空号已精确测量电子能谱，绘制了高能质子宇宙射线能谱，绘出了迄今最精确的高能氦原子核宇宙射线能谱，并观察到能谱新结构。悟空号将我国的暗物质探测提升至新的更高水平。

从探索无尽的宇宙，到微观粒子和生命起源，空间科学具有非凡战略意义。2017年以来，悟空号相继在电子、质子宇宙射线测量方面取得突破性进展，标志着我国的空间高能粒子探测研究已跻身世界最前列。悟空号目前已经进入延寿运行阶段，探测器状态良好，仍在不断积累大量的高质量数据，更多开创性发现必将出现。

悟空号效果渲染图

墨子号科学实验卫星

墨子号是世界上第一颗量子科学实验卫星，
在国际上首次实现了基于纠缠的千公里级量子密钥分发，
为量子通信走向现实应用奠定了重要基础。

墨子号量子科学实验卫星（Quantum Science Experiment Satellite “Micius”）是世界上第一颗量子科学实验卫星，质量631千克，设计寿命2年。该项目也是中国科学院空间科学战略性先导科技专项项目之一。2016年8月16日1时40分，墨子号卫星于酒泉卫星发射中心搭乘长征二号丁运载火箭发射升空，这也标志着我国成为全球第一个实现卫星和地面之间量子通信的国家。

量子科学实验卫星命名为墨子号，是为了纪念我国战国时期墨家学派的创始人墨子。以科学先贤为科学卫星命名以彰显研发国家的文化和科学成就，是国际惯例。墨子在物理学尤其是光学领域取得了众多突出成就，在他所著的《墨经》中归纳出“光学八条”。2 000多年前，墨子进行了世界上最早的小孔成像实验，最先发现了光沿直线传播这一光学领域最重要的科学原理，奠定了光通信的基础。

墨子号卫星上搭载的主要有效载荷有5个，分别是量子密钥通信机、量子纠缠发射机、量子纠缠源、量子实验与控制处理机、高速相干激光通信机。量子科学实验卫星在轨运行两年间执行了4项实验任务，完成了两大科学目标：进行经由卫星中继的“星地高速量子密钥分发实验”，并在此基础上进行“广域量子通信网络实验”，以期在空间量子通信实用化方面取得重大突破；进行“星地双向纠缠分发实验”与“空间尺度量子隐形传态实验”，开展空间尺度量子力学完备性检验的实验研究。这4项实验皆为世界上首次开展。卫星同时会透过高速相干激光通信机开展与地面通信接收站之间的实时“星地双向激光通信技术演示实验”。为了执行这些任务，除了卫星和位于安徽合肥的量子科学实验中心之外，地面上也建设了4个量子通信地面站（分别位于河北兴隆、新疆乌鲁木齐南山、青海德令哈、云南丽江），以及位于西藏阿里的量子隐形传态实验平台。除此以外，奥地利科学院和维也纳大学的科学家也与我国合作，在维也纳和格拉茨设置了量子通信地面站。

天地量子科学实验非常复杂，对天地实验设备的要求异乎寻常得高。譬如，墨

1 墨子号量子科学实验卫星模型（正面）
2 墨子号量子科学实验卫星模型（斜侧面）

洲际量子保密通信网络示意图

子号卫星飞行中携带的两个激光器要分别瞄准两个相距上千公里的地面站，向左向右同时传输量子密钥，且卫星的光轴和地面望远镜的光轴要始终精确对准，这就好比卫星上的“针尖”对准地面上的“麦芒”。墨子号的对准精度可以达到普通卫星的10倍。这也离不开科研人员的各种实验攻关，并为此付出的艰辛和努力。

2017年6月16日，墨子号首先成功实现了两个量子纠缠光子被分发到相距超过1 200千米的距离后，仍可继续保持其量子纠缠的状态。相关成果于当年的6月16日以封面论文的形式发表在《科学》杂志上。2017年8月10日，墨子号量子卫星在国际上首次实现从卫星到地面的量子密钥分发和从地面到卫星的量子隐形传态两项成果，同时以封面标题论文的形式发表在《自然》杂志上。

美国科学促进会将2018年度“克利夫兰奖”（Newcomb Cleveland Prize）授予中国科学技术大学教授潘建伟领衔的墨子号量子科学实验卫星科研团队，以表彰他们通过实现千公里级星地双向量子纠缠分发

墨子号卫星模型

推动大尺度量子通信实验研究做出的卓越贡献。这是美国科学促进会设立克利夫兰奖近百年来，中国科学家在本土完成的科研成果首次获得这一重要荣誉。

墨子号量子卫星已圆满实现了既定科学目标，目前处于超期服役状态。2020年6月15日，英国《自然》杂志在线发表了一篇题为《基于纠缠的千公里级安全量子加密》的研究论文，墨子号在国际上首次实现了基于纠缠的千公里级量子密钥分发。该实验成果不仅将以往地面无中继量子保密通信的空间距离提高了一个数量级，更重要的是，通过物理原理确保了即使在卫星被他方控制的极端情况下，依然能够实现安全的量子通信，为量子通信走向现实应用奠定了重要基础。

2022年5月，潘建伟院士团队首次实现了地球上相距1 200千米两个地面站（云南丽江站与青海德令哈站）之间的量子态远程传输。

墨子号开启了全球量子通信、空间量子物理学和量子引力实验检验的大门，为我国在国际上抢占了量子科技创新制高点，成为国际同行的标杆，实现了“领跑者”的转变。

通过慧眼号、悟空号及墨子号，我们了解了我国空间科学战略性先导科技专项计划。随着该专项（一期）的圆满收官，我国空间科学发展也站上了新的历史起点。空间科学（二期）战略性先导科技专项于2018年7月正式启动，该专项瞄准宇宙和生命起源与演化、太阳系与人类关系两大科学前沿，在时域天文学、太阳磁场与爆的关系、太阳风-磁层相互作用规律、引力波电磁对应体等方向开展卫星研制，如爱因斯坦探针（EP）、先进天基太阳天文台（ASO-S）以及增强型X射线时变与偏振空间天文台（eXTP）。这些项目将聚集国内优秀科学家和工程团队，持续探索浩瀚宇宙未知的奥秘，为我国空间科学跻身世界先进行列作出不可替代的历史性贡献。

《科学》杂志封面中的墨子号

天宫二号空间实验室

天宫二号是我国首个具备补加功能的载人航天科学实验空间实验室，
对于推进我国载人航天事业持续发展，
具有十分重要的意义。

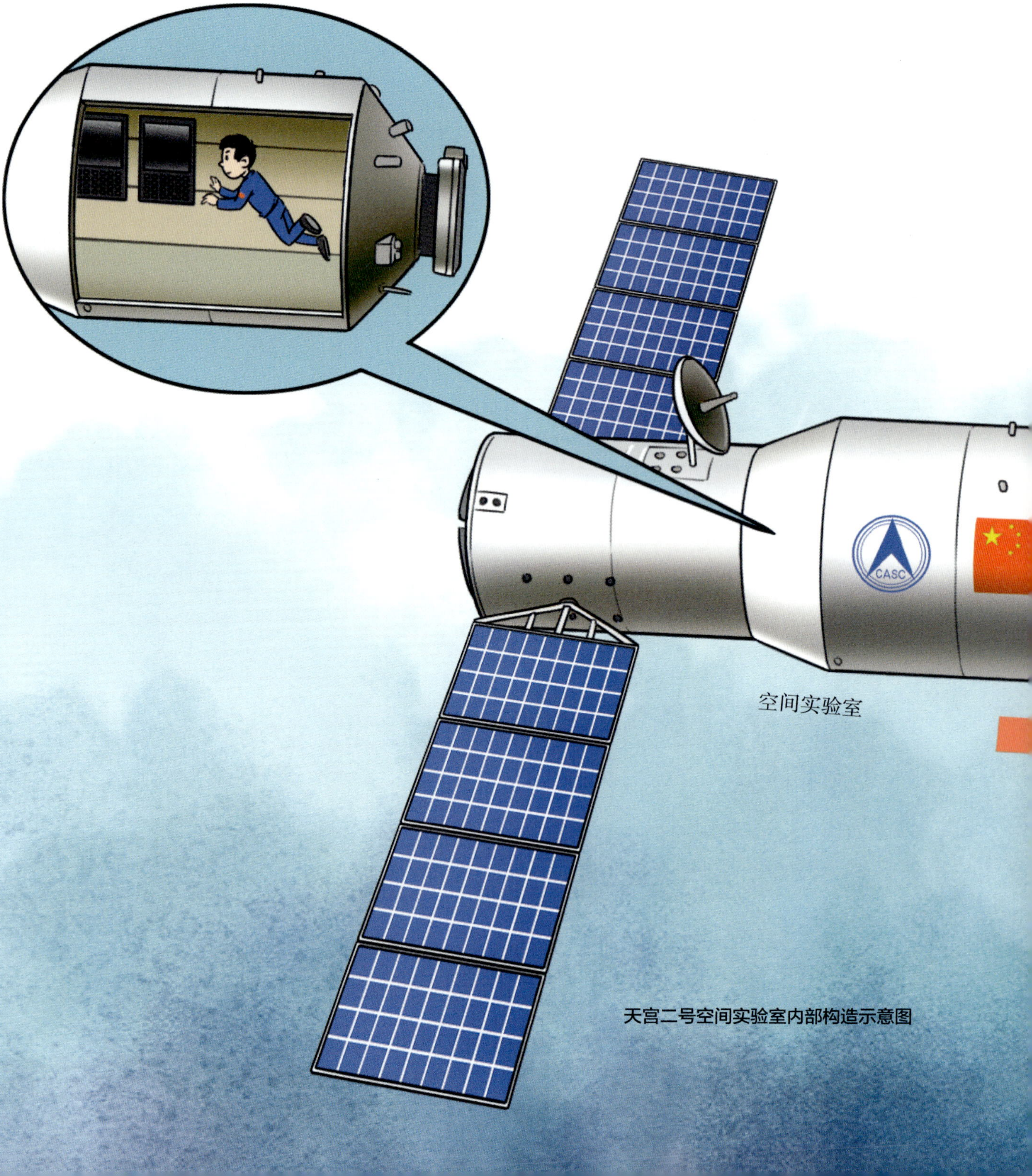

天宫二号空间实验室内部构造示意图

天宫二号空间实验室是我国首个具备补加功能的载人航天科学实验空间实验室，是我国第一个真正意义上的太空实验室，于2016年9月15日22时04分由长征二号F T2火箭从酒泉卫星发射中心发射升空。

天宫二号是在天宫一号备份目标飞行器基础上改进研制而成，由实验舱和资源舱组成，总长10.4米，舱体最大直径3.35米，太阳帆板展开后翼展宽度约18.4米，起飞重量约8.6吨。天宫二号设有前后两个交会对接口，可以与神舟载人飞船以及天舟货运飞船同时对接。

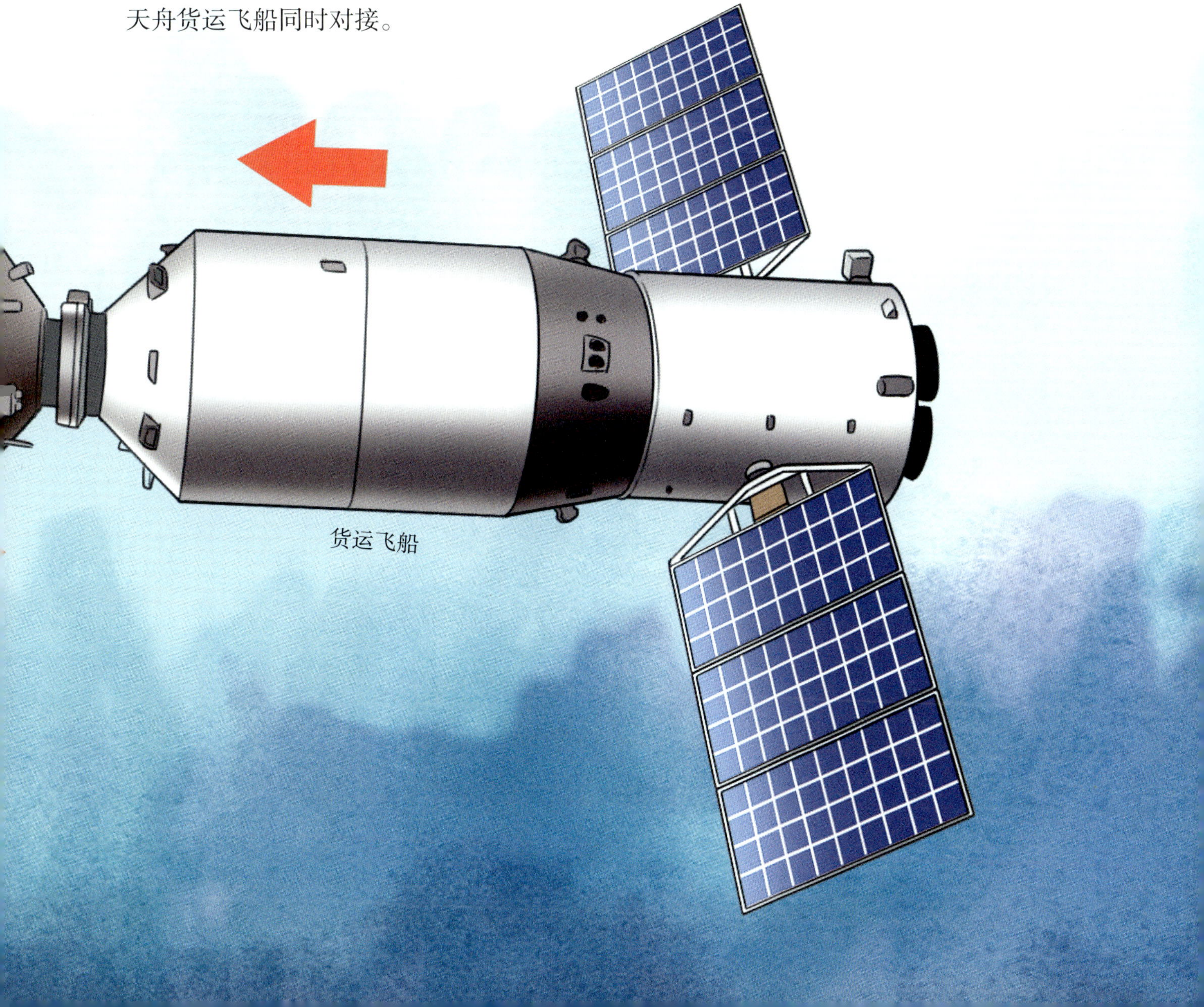

2016年10月19日，神舟十一号飞船与天宫二号自动交会对接成功。航天员景海鹏、陈冬入驻天宫二号，在其上进行了长达30天的太空生活，一度创造了中国载人航天飞行时间最长的纪录。

天宫二号担负的任务有地球观测、空间地球系统科学、空间应用新技术、空间技术、航天医学以及其他领域的应用和试验。

2017年4月27日，天宫二号与天舟一号成功完成了我国首次推进剂在轨补加试验，突破了“太空加油”技术。随后，天舟一号与天宫二号还进行了多次分离和交会对接，进行了多次推进剂补加，以及验证了多角度空间交会对接、自主快速交会对接等技术。作为名副其实的空间实验室，天宫二号开展了60余项空间科学实验和技术试验，圆满完成了各项既定任务，取得了一批具有国际领先水平和重

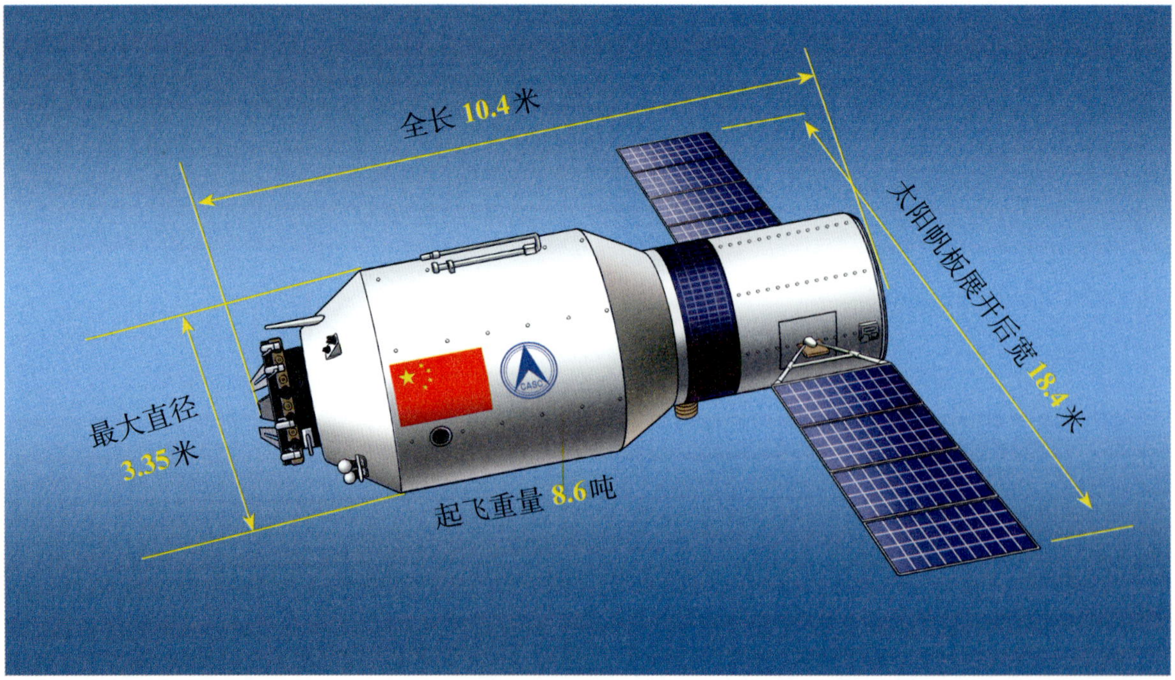

天宫二号空间实验室示意图

大应用效益的成果。

在天宫二号上，我国首次在空间站完成“从种子到种子”全过程的空间植物培养实验，也为我国在未来的空间站上开展同类研究奠定了技术基础。譬如，天宫二号搭载了一个微型培养箱，种植有粮食作物的典型代表水稻和绿叶植物的典型代表拟南芥。这次实验为有效利用空间有限资源进行最大化的植物生产，提供了重要空间实验证据。直白来说，开展全过程的空间植物培养实验有助于测试未来航天员在空间站长期驻留能否吃上新鲜的食物。

天宫二号装载的伽马暴偏振探测仪成功探测到55个宇宙伽马暴事例，为国际伽马暴联合探测作出了重要贡献。其搭载的空间冷原子钟是国际上首台在轨运行的冷原子钟，根据在轨测试结果推算，冷原子钟日稳定度达到了7.2×10^{-16}的超高精度，处于国际领先水平。其中运用的原子激光冷却的方法和技术对我国未来空间高精度时频系统可提供直接的技术支撑。

1992年，中国政府决定实施载人航天工程，并确定了中国载人航天工程“三步走”的发展计划。第一步是发射载人飞船，神舟五号和神舟六号成功飞行，标志第一步的完成。第二步是完善航天员出舱活动技术、空间飞行器的交会对接技术，解决有一定规模的、短期有人照料的空间应用问题。神舟七号任务圆满完成标志着中国掌握了出舱活动关键技术；天宫一号与神舟八号和神舟九号交会对接，标志着中国掌握了自动和手动交会对接技术；神舟十号飞行任务是工程第二步第一阶段任务的收官之战。第二步第二阶段也紧接第三步的开始，为空间实验室阶段，包括发射天宫二号、天宫三号试验中期驻守与补给任务。因为第三步的目的，不仅为了建造空间站，而且解决有较大规模的、长期有人照料的空间应用问题，届时中国将如国际空间站一样，轮流派出值班空间站的常年在轨队伍，并不断进行研究和技术更新。

天宫二号是第二步中的第二个阶段，对未来我国建造空间站具有承上启下的作用，是全面完成空间实验室阶段任务的关键之战，为中国后续空间站建造和运营奠定坚实基础、积累宝贵经验，对于推进中国载人航天事业持续发展，具有十分重要的意义。

2019年7月19日，在亿万民众瞩目下，天宫二号空间实验室受控离轨并再入大气层，少量残骸落入南太平洋预定安全海域。从发射入轨到光荣“陨落”，天宫二号总共在轨运行34个月，圆满完成了我国载人航天工程中的大量关键任务，也创造了中国航天史上的多个“首次”。随着天宫二号任务的结束，“三步走”战略的第二步完美收官，我国载人航天工程第三步——空间站工程将全面展开，我国正式进入“空间站时代”。

天宫空间站机械臂在太空内在轨运行作业初段示意图
（来源：中国载人航天工程办公室）

中国天眼

“中国天眼”是国家重大科技基础设施，
是观天巨目、国之重器，实现了我国在前沿科技领域的一项重大突破。
作为目前世界上最大、最灵敏的单口径射电望远镜，
“中国天眼”能够接收到100多亿光年以外的电磁信号，
是我国科技创新的一张代表性“名片”。

坐落于贵州省黔南布依族苗族自治州平塘县克度镇金科村大窝凼洼地的500米口径球面射电望远镜（Five-hundred-meter Aperture Spherical radio Telescope，FAST），被誉为“中国天眼”。中国天眼FSAT作为天文研究的大科学装置，是国家“十一五”重大科技基础设施建设项目之一，具有中国自主知识产权，由中国自主建造，是世界上口径最大、灵敏度最高的单口径射电望远镜。它总占地面积2.6万平方米，口径500米，它接收信号的反射面积相当于30个足球场，比被称为“人类20世纪十大工程”之首的原世界最大口径射电望远镜——美国阿雷西博305米望远镜观测天区大1倍，最大跟踪时长长1倍，综合性能提高约10倍。与号称“地面最大的机器”的德国波恩100米望远镜相比，灵敏度提高约10倍。“中国天眼”能接收到137亿光年外的电磁信号，观测范围可达宇宙边缘，是人类探测外太空过程的里程碑，实现了中国射电天文在国际上从追赶到领先的跨越。

天文学从诞生起一直是自然科学的核心学科和前沿学科之一，它的每一次重大突破都会在“不经意间”对整个基础学科乃至人类文明的进程带来巨大震撼和推动。天文学发展过程中累积的观测成果、技术革新不仅在国家安全、经济发展方面起到了重要作用，而且也切实改变了每一位普通人的生活。比如，对太阳黑子爆发活动的观测预报关乎发电厂和电网设备的安全；对空间碎片的监测预警关乎在轨卫星的安全，进而影响我们日常生活中的通信和出行导航。如果没有在长期细致观测记录基础上建立的精准快速的计算模型，哪怕极其短暂的太阳风暴都会造成电网中断，极小的空间碎片也会导致卫星失灵，给国民经济和人们生活带来不可估量的损失。

20世纪30年代初，无线电天文学先驱卡尔·央斯基用天线阵接收到银河系中心的电波，拉开了射电天文学的大幕。天体射电流量密度的单位用“央斯基”（Jansky，简写为“Jy”）就是为了纪念他为射电天文学所做出的贡献。美国人格罗特·雷伯于1937年建造了一架口径9米的天线，于1938年成功地使用160兆赫的频率确认了央斯基的发现，并于1941年完成无线电频率的巡天地图。雷伯使用的那架天线被公认为是世界上第一架天文射电望远镜。

不同于我们常见的通过可见光进行观测的光学望远镜，射电望远镜是通过接收宇宙中不可见的无线电波来观测宇宙，其基本原理是：把反射面做成抛物面的形状，在抛物面的交点处安置一台接收器，抛物面的面积越大，汇集的信号就越多，也就更能够探测到更暗弱、更遥远的天体信号。第一台射电望远镜建成以来，所有天文望远镜接收到的太阳以外的宇宙天体的信号折算成能量还不足以翻动一页纸。为使天文学更好地推动人类认识宇宙起源、生命起源，各国天文学家一直致力于建造反射面尽可能大的巨型射电望远镜。与此同时，伴随着人类对无线电的大规模使用，产生了越来越多的无线电波，干扰了人类对太空信号的接收。在1993年国际无线电科学联盟大会上，包括中国在内的多个国家提出倡议，希望在地球电磁波环境被破坏之前，建造出超大口径的射电望远镜。1994年，以南仁东为代表的中国科学家开始“中国天眼”的探索，开启了“把不可能变为可能”的征途。

“中国天眼”FAST拥有3项自主创新技术：一是利用贵州天然喀斯特巨型洼地作为望远镜台址；二是自主发明了主动变形反射面；三是自主提出轻型索拖动馈源支撑平台和并联机器人。FAST的全新设计理念开创了建造巨型望远镜的新模式。

1.望远镜台址

1994年，以南仁东为代表的科学家提出要在中国建造世界上最大的射电望远镜。到底能建口径多大的望远镜，取决于最终能够找到多大的洼地，且洼地要同时符合四大条件：首先，要足够大、足够圆，否则只是开挖和支护成本就会让这个项目无法实现；其次，要远离人口密集区域，以保证优良的电波环境；再次，要有良好的渗水性，不能积水，否则设备寿命难以保证；最后，还要有良好的稳固地质条件，不然无法建成大型、高精度的天文观测设备。从1994年到2006年，南仁东带领团队，从8 000多幅遥感地图中选出300多个洼坑，并进一步优选出几十个。团队几乎走遍了这些洼地，风餐露宿，实地考察，最终选定贵州平塘县克度镇大窝凼这一天然喀斯特巨型洼地作为望远镜台址。

2. 主动变形反射面

作为世界首创，"中国天眼"的主动反射面可以改变形状。"中国天眼"口径500米的球冠状主动反射面工作时，通过主动控制可以在观测方向形成300米口径瞬时抛物面。抛物面通过驱动装置的连续变化在口径500米的球面上运动，从而具有良好的指向灵活性，进而实现对天体的跟踪和观测。为达到这一设计目标，"中国天眼"的反射面建造采用了6 670根钢索编制的索网，挂在一个由50根巨大钢柱支撑的直径500米的圈梁上，索网上铺有4 450块平均边长11米的三角形（边缘部分为矩形）铝合金面板。每个面板又有100个小三角形面板拼接而成。索网通过2 250根下拉索和2 250个促动器实现面板的指向和主动变形，从而在观测方向上形成瞬时抛物面汇聚电磁波。

3. 馈源舱

馈源舱是射电望远镜用来接收宇宙信号的装置，是整个射电望远镜的核心。"中国天眼"的科学目标为：巡视宇宙中的中性氢，研究宇宙大尺度物理学；观测脉冲星，研究极端状态下的物质结构与物理规律；主导国际低频甚长基线干涉测量网，获得天体超精细结构；探测星际分子；搜索可能的星际通信信号。

为了实现这些任务，“中国天眼”采用了光电机一体化技术，馈源舱内配置有工作频率覆盖70兆赫至3吉赫的接收机、低噪声放大器、宽频带数字中频传输设备、高稳定度的时钟和高精度的频率标准设备等。与大多数传统射电望远镜的馈源舱支撑系统位置是固定的或仅可做微调不同，“中国天眼”的馈源舱可以追随主动变形反射面的变化自如改变位置和角度到相应的焦点位置，更加有效地收集、跟踪、监测天体电波。这是通过轻型支撑索拖动并联机器人系统来实现的，也是“中国天眼”三大自主创新技术之一。

馈源舱指向跟踪轻型支撑索以6根钢丝绳为主体，单根钢丝绳长度超过600米，直径46毫米，重达6吨。钢丝绳下方各悬挂一根直径26毫米的电缆，其中3根钢丝绳下方还各悬挂一根直径为12毫米的48芯光缆，为馈源舱提供信号传输和电力支持。这一索驱动系统为世界上最大的绳牵引并联机构。

相比原世界第一射电望远镜的馈源舱重1 000多吨，“中国天眼”馈源舱仅重约30吨。体积小带来多方面的优势，如可有效减少光路遮挡，减少干扰信号，使波束更加干净，更有利于天文观测等。

2016年9月25日，“中国天眼”落成启用后，进入调试期。巨型射电望远镜的调试涉及天文、测量、控制电子学、机械、结构等众多学科，是强交叉学科的应用性研究，国际上传统大射电望远镜的调试周期很少低于4年。“中国天眼”独具匠心的设计使得其调试工作更具挑战性。“中国天眼”的主动变形反射面需要2 250台促动器协同控制索网把所有促动器都连成一个整体，可以说是牵一发而

馈源舱

动全身。在精度控制方面，为形成尽可能精准的抛物面，将电磁波高效汇聚到焦点位置，直径500米的“中国天眼”测量基准网的精度控制到了1毫米以内；为将接收机精准控制到抛物面的焦点位置，尽可能高效收集抛物面汇集电磁波的能量，由6根钢丝绳牵引的30吨重的馈源舱在140米的高空、206米的范围内的移动偏差不超过10毫米。正是如此严苛的精度调控使其灵敏度水平是世界第二大望远镜的2.5倍。

2020年1月11日，“中国天眼”通过国家验收，各项指标均达到或优于批复的验收指标，系统整体性能稳定可靠，并正式对国内天文学家开放。2021年3月“中国天眼”正式向全球开放共享，“中国天眼”也成为“世界天眼”。

“中国天眼”作为世界上最灵敏的射电望远镜，其科学潜力应景显现。截至2021年度，它已发现脉冲星超过500颗，在脉冲星发现、快速射电爆、星际介质及恒星形成等研究领域都取得了重要突破，4篇研究成果在《自然》杂志发表，快速射电爆相关研究成果入选《自然》2020年十大科学发现。

“中国天眼”作为多学科基础研究平台，基于超灵敏度的明显优势，已成为中低射频电天文领域的观天利器，未来将在快速射电爆的起源与物理机制、中性氢宇宙研究、脉冲星测时与低频引力波探测等世界科学前沿产出深化人类对宇宙认知的重要成果。

“中国天眼”突破性的创新设计和苛刻的技术要求对中国制造能力提出了巨大挑战。比如，要实现反射面可改变形状这个世界首创设计，要求构成索网的钢索像弹簧一样有一定伸缩性、疲劳强度是国际标准的2倍多，每根钢索的加工精度要达到1毫米，较传统标准提升了1个数量级。为达到这些要求，科学家们用2年多的时间，持续全方位地改进索体工艺，对钢索进行了200万次疲劳实验，在经历上百次的失败后，最终成功研制出适用于“中国天眼”的成品钢索。“中国天眼”的索网结构实现了超大跨度、超高精度、主动变位式3项世界创举。这一技术在后来的工程建设中也得以应用，例如，超高疲劳性能钢索结构被应用于大型体育场馆，高精度索结构生产体系被应用于港珠澳大桥等桥梁的斜拉索。

“中国天眼”是一个现代工程奇迹，它凝结了上万名科研人员的心血，汇聚了数千名一线工人的辛勤汗水。“中国天眼”的成功，体现了国家战略科技力量“心系国家事，胸怀科学梦”的科研导向、“集中力量办大事”的科研组织模式的优势，以及“拼搏奉献、创新报国”的奋斗精神，体现了以人民科学家、时代楷模南仁东先生为代表的优秀科技工作者的爱国情怀、科学精神、高尚情操和杰出品格等新时代科学家精神。

中国航天
CZ-2F

神舟十一号载人飞船

神舟十一号载人飞船飞行任务的圆满完成，
标志着我国空间实验室飞行任务取得具有决定性意义的重要成果，
为我国空间站建造、运营和航天员长期驻留奠定了坚实的基础。

神舟十一号
天宫二号

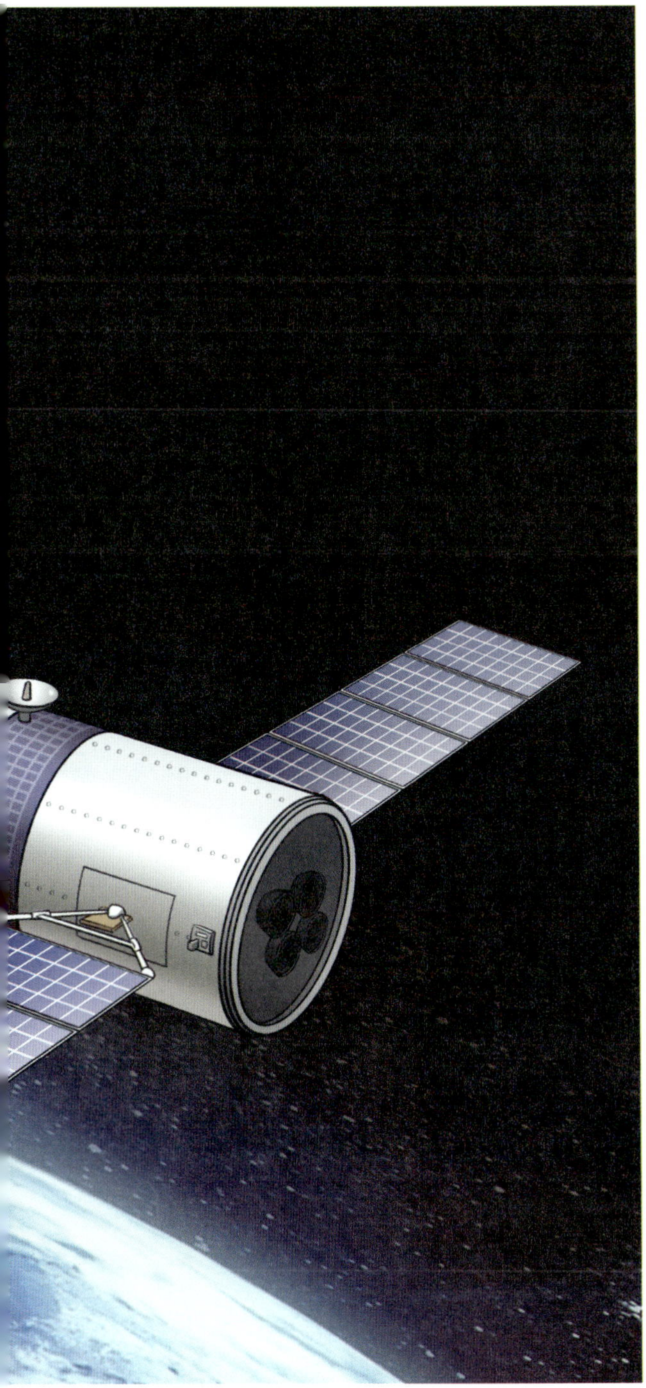

神舟十一号载人飞船（简称“神十一”）是我国载人航天工程发射的第十一艘飞船，是执行我国第六次载人飞行任务，也是创造我国载人航天在轨飞行时间的新纪录的重要里程碑。

长征二号F遥十一火箭在酒泉卫星发射中心发射场点火起飞，于2016年10月17日将神舟十一号载人飞船发射升空，我国航天员景海鹏、陈冬搭乘神舟十一号出征太空。2016年10月19日，神舟十一号与天宫二号空间实验室实现自动交会对接工作，形成组合体，航天员进驻天宫二号空间实验室，组合体在轨飞行30天。2016年11月18日，神舟十一号进入返回程序，返回舱降落在主着陆场。

神舟十一号实现了中国载人航天工程“三步走”战略中从第二步到第三步的关键过程，为我国空间站建造、运营和航天员长期驻留奠定了坚实的基础。

神舟十一号为天宫二号空间实验室在轨运营提供人员和物资天地往返运输服务，考核验证空间站运行轨道的交会对接和载人飞船返回技术；同时与天宫二号空间实验室对接形成组合体，完成航天员中期驻留，考核组合体对航天员生活、工作和健康的保障能力，以及航天员执行飞行任务的能力；另外，开展有人参与的航天医学实验、空间科学实验、在轨维修等技术试验，以及科普活动。

任务中两名航天员互为备份，他们均具备飞船驾驶、组合体管理、手动交会对接，以及故障情况下的应急处置能力。整个飞行任务期间，他们完成飞船的操控、在轨实验操作、健康保障、生活照料、科普演示等各项任务。两名航天员在太空中按照飞行手册、操作指南和地面指令进行工作和生活，按计划开展有关科学实验。完成组合体飞行后，神舟十一号撤离天宫二号空间实验室，并于一天内返回至内蒙古四子王旗着陆场，天宫二号转入独立运行模式。

神舟十一号拥有众多“神技”，其中光学成像敏感器升级了对太阳杂光的抑制能力以及识别目标的敏感度，可让神舟十一号与天宫二号空间实验室实现准全天候实时对接，而飞船的轨道舱拥有一件厚度约2厘米的外衣，可以有效隔绝空间环境与轨道舱壁之间的热交换，并提高飞船对轨道原子氧等粒子的防护能力。

神舟十一号飞行任务主要的难点及特点：

距离高 神舟十号与天宫一号对接时，轨道高度是343千米，而神舟十一号和天宫二号对接时的轨道高度是393千米，高了50千米，这与未来空间站的轨道高度基本相同，飞行也更加接近未来空间站的要求；

神舟十一号任务的航天员景海鹏（左）和陈冬（右）

神舟十一号返回舱

同时，在交会对接时飞船的控制与神舟十号不同，神舟十一号还需要连续变轨。

实验多 执行任务期间，神舟十一号要进行4项在轨试验项目，包括宽波束中继在轨验证试验、变轨控制验证试验、帆板任意偏置角跟踪太阳功能验证试验和微生物控制试验。通过这些试验进一步验证飞船设计功能，获取和积累与载人环境相关的飞行试验数据。

时间长 此次任务中航天员需完成组合体30天中期驻留任务，比神舟十号的15天翻了一倍；在这30天中，既要保障航天员的生活健康，也要保证航天员执行飞行任务的能力，飞船在驻留、应急、返回方面的保障能力比过去更强。

神舟十一号任务的圆满成功，验证了航天员中期驻留的生命保障技术、人机协同在轨维修技术，考核了空间站运行轨道的交会对接、组合体运行、载人飞船返回等相关关键技术，以及地面长时间任务支持等技术，积累了长期飞行任务管理和组织实施较大规模空间应用试验的相关经验，标志着中国空间实验室飞行任务取得具有决定性意义的重要成果，为我国空间站建造、运营和航天员长期驻留奠定了坚实的基础。

长征五号运载火箭

长征五号是我国现有最大推力的大型运载火箭，
是我国由航天大国迈向航天强国的重要标志。

长征系列运载火箭是我国自行研制的航天运载工具。它起步于20世纪60年代，1970年4月24日，长征一号运载火箭首次成功发射东方红一号卫星。目前，我国已经拥有退役、现役长征系列运载火箭共计4代20种型号，另有多种型号在研或者论证中。长征系列运载火箭具备发射低、中、高不同地球轨道和不同类型卫星及载人飞船的能力，并且具备无人深空探测能力。可以说长征系列运载火箭技术的发展为我国航天技术提供了广阔舞台，推动了我国卫星事业和载人航天技术的发展，有力支撑了以“载人航天工程”“北斗导航”“月球探测工程”为代表的中国国家重大工程的成功实施，为我国航天事业的不断发展提供了强有力的保障。

长征五号（CZ-5）是我国现有最大推力的大型运载火箭。长征五号研制成功，标志着我国运载火箭实现升级换代。作为我国首型大推力无毒无污染液体火箭，长征五号具有高承载、高功率、高热耗、高控制精度的特点，能够满足我国下一代地

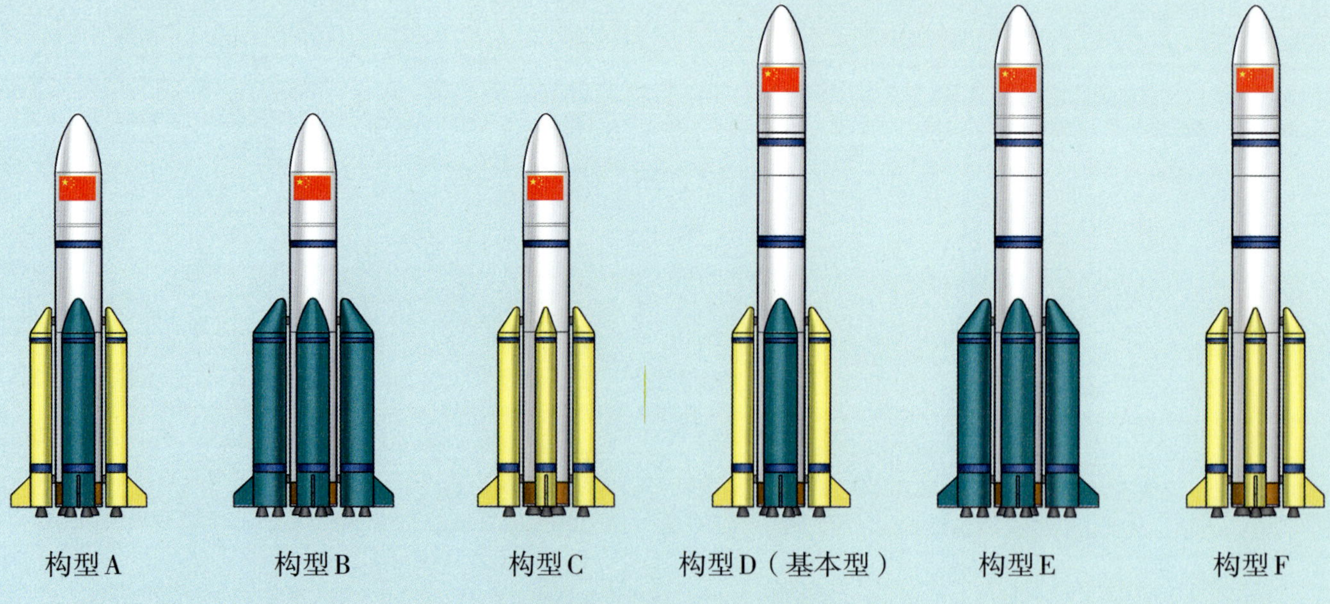

长征五号系列运载火箭六种构型

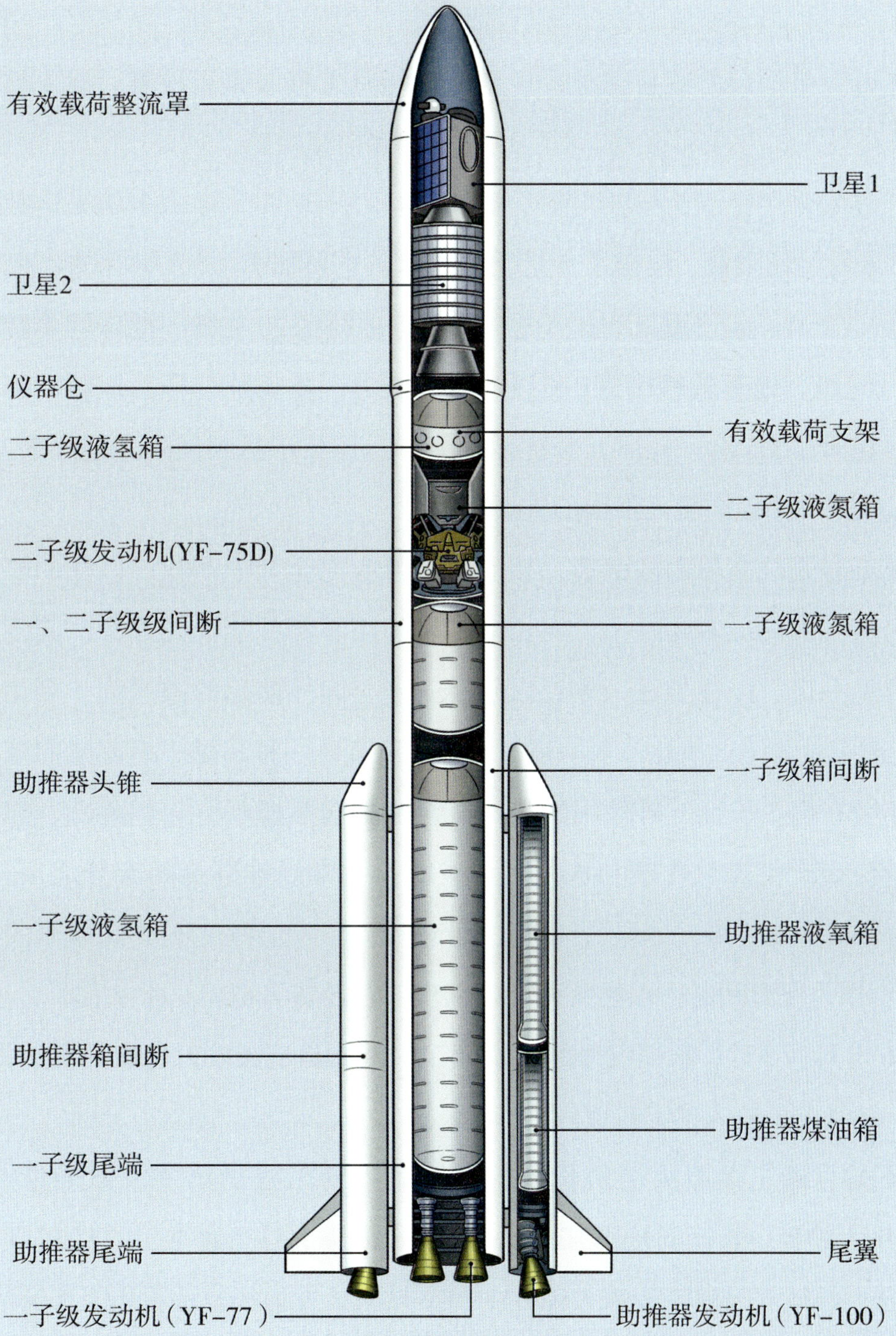

长征五号运载火箭总体布局

球同步轨道卫星平台的载荷需求，也是实现探月工程、火星探测、载人航天等国家科技重大专项和重大工程的重要基础和前提保障。

长征五号采用全新5米芯级直径箭体结构，打破了我国40多年来运载火箭3.35米直径的限制，突破了大批关键技术。它还捆绑4个3.35米直径助推器，总长57米，起飞重量约870吨，具备近地轨道25吨级、地球同步转移轨道14吨级、地月转移轨道8吨级的运载能力，比长征三号乙运载火箭运载能力提升了2.5倍。长征五号整体性能和总体技术达到国际先进水平，是中国由航天大国迈向航天强国的重要标志。

长征五号是全新研制的火箭，核心技术具有完全知识产权。以往的长征系列火箭零部件最多几万个，而长征五号使用零部件达十几万个，其复杂程度可见一斑。以往长征一号、二号、三号、四号使用的推进剂（氧化剂+燃烧剂）主要是四氧化二氮+偏二甲肼，后者是一种易燃、有剧毒的液体，对环境有害。长征五号使用的是深低温液氢液氧燃料，它们无毒、无污染，燃烧后产生二氧化碳和水，而且成本仅为常规推进剂的十分之一。另外，为保持火箭的低“体温”，科研人员还设计了一层厚度不及30毫米的“防寒服”作为保温利器，以便使火箭内部仪器、设备等都能正常工作。

2016年11月3日，长征五号的首发箭在中国文昌航天发射场成功发射，将实践十七号卫星送入预定轨道。

长征五号遥三运载火箭是长征五号运载火箭工程的第三发试验箭。2019年10月27日，长征五号遥三运载火箭运抵海南文昌清澜港，12月27日20时45分，长征五号遥三运载火箭在中国文昌航天发射场点火升空，2 000多秒后将实践二十号卫星送入预定轨道，发射飞行试验取得圆满成功。

2020年7月17日，长征五号遥四运载火箭在中国文昌航天发射场完成技

长征五号遥三火箭开始关闭发射区工作平台
（海南文昌，2019年12月21日）

术区总装测试工作后，垂直转运至发射区；7月23日12时41分，长征五号遥四运载火箭托举着中国首次火星探测任务天问一号探测器，在中国文昌航天发射场点火升空。

2020年11月24日，我国在文昌航天发射场用长征五号遥五运载火箭成功发射探月工程嫦娥五号探测器，顺利将探测器送入预定轨道。探月工程嫦娥五号任务是中国探月工程第六次任务，计划实现月面自动采样返回、助力深化月球成因和演化历史等科学研究，是中国航天领域迄今最复杂、难度最大的任务之一。该次任务是长征五号系列运载火箭第二次应用性发射。

2022年7月24日，搭载中国空间站“问天”实验舱的长征五号B遥三运载火

箭，在中国文昌航天发射场准时点火，约495秒后，问天实验舱与火箭成功分离并进入预定轨道，发射取得圆满成功。

经过广大科研工作者和工程团队人员的努力，自2020年5月5日至2022年8月20日，长征二号丁运载火箭在西昌卫星发射中心成功发射遥感三十五号04组卫星，长征系列运载火箭创下了103次新的连胜纪录。其间，长征系列运载火箭成功将天问一号火星探测器、中国空间站"天和"核心舱等在内的200多个航天器安全送入太空。未来正在研制的新一代运载火箭，将承担起载人登月、火星探测、木星探测等任务，中国人探索太空的步伐将走得更稳、更远。

长征五号B运载火箭首飞
（海南文昌，2020年5月5日）

复兴号电力动车组

复兴号电力动车组坚持软硬件自主创新研发，
建立了中国高速动车组标准技术平台，
在多项性能指标方面取得了技术创新和突破，
是中国科技创新的又一重大成果。

复兴号
350km/h 414.3m

复兴号电力动车组早期称为中国标准动车组，2017年6月26日后更名，型号包括CR400AF-A、CR400AF-B、CR400AF-C、CR400AF-G、CR400AF-Z和CR400AF-BZ，是中国铁路总公司组织中国中车股份有限公司自主研发的、具有完全知识产权的新一代高速列车，它集成了大量现代国产高新技术，牵引、制动、网络、转向架、轮轴等关键技术实现重大突破，是中国科技创新的又一重大成果。在技术标准体系建设上，复兴号电力动车组也迈出了从追赶到领跑的关键一步。

2004年，中国引进德国、日本等国的高速动车组技术，在消化吸收再创新的基础上，生产出了和谐号系列高速动车组。由于标准不统一，运营和维修成本居高不下。

2012年，由中国铁路总公司主导，中国铁道科学研究院技术牵头，中车所属企业设计制造，开展了中国标准动车组设计研制工作。

2016年7月，中国标准动车组在世界上首次实现时速420千米交会及重联运行试验。

2017年2月25日10点33分，G65次列车驶出北京西站，运行于京广高铁，标志着我国自行设计研制的、拥有全面自主知识产权的中国标准动车组样车正式上线运营。

2017年6月25日，中国标准动车组被正式命名为复兴号。

2017年6月26日，在京沪高铁两端的北京南站和上海虹桥站复兴号双向首发。

复兴号电力动车组在京沪高铁率先恢复最高时速350千米运营，中国再次成为世界上高铁商业运营速度最高的国家。

2020年5月，中国投入运营的复兴号电力动车组超过800标准组，覆盖全国27个省区市和香港特别行政区。2021年6月25日，拉萨至林芝铁路开通运营，复兴号高原内电双源动车组同步投入运营，历史性地实现复兴号对31个省区市的全覆盖。

复兴号电力动车组的技术特点：

动力配置 采用8辆编组，4动4拖的统一动力配置形式，由2个基本动力单元组成。可在动力单元配置及网络控制等基本不变的情况下，满足不同速度目标值对牵引能力的需求，可通过不同动力单元的组合，实现灵活编组，满足不同的客流需要。为适应节能环保要求，中国标准动车组整车采用全新低阻力流线型头型设计和车体平顺化设计，降低气动阻力，减少持续运行能量消耗，并统一零部件技术标准，实现各型号动车组相同零部件的互换使用，有效降低运用、检修等寿命周期成本。

牵引系统 采用国产大功率IGBT元器件构成的交直交传动牵引系统，通过提高中间直流环节电压，提高效率，降低损耗，改善电机控制特性，提升单位质量下的牵引输出功率。

制动系统 采用微机控制的直通式电空制动系统及大容量基础制动装置，具备以整列车进行空电复合控制的能力，可按模式曲线精确控制列车减速或停车。

网络控制系统 采用列车级（WTB）和车辆级（MVB）组成的两级网络结构，按照适应中国铁路实际的控制策略，自主开发列车网络控制系统。

高压系统 采用主动控制受电弓，高压设备外绝缘的雷电冲击耐受电压提升至185 千伏，采用整体密闭的高压箱结构，除受电弓外，其余高压部件不暴露于运行环境中，以改善高压系统部件的工作环境，提高系统在不同网高和不同环境下的工作可靠性，实现日常运用的免维护。

涂装 CR400AF的两列样板车（CR400AF-0207和CR400AF-0208）曾经采用白色底色搭配侧窗下方蓝色线条的涂装，截至2021年，列车全部采用银色底色搭配侧窗前方及下方红色线条的涂装。

复兴号电力动车组的优越性：

复兴号电力动车组研制以自主化、统型和互联互通为前提，坚持软硬件自主创新研发，建立了中国高速动车组标准技术平台，在多项性能指标方面取得了技术创新和突破。与既有动车组相比，技术指标更先进，安全保障更全面，绿色环保更节能，乘坐体验更舒适，周期成本更节约。

技术指标更先进 就动车组而言，既要采用大功率牵引动力，提供足够的牵引力，达到列车最高运行速度、加速性能和坡道启动等性能指标；也要采用高性能的制动系统，提供同步的制动力，满足列车在调速和在规定距离内停车的制动性能指标。复兴号电力动车组在牵引、制动、高压等系统技术指标方面更为先进。

（1）复兴号电力动车组的牵引功率技术指标比既有动车组提升7%，达到10 400千瓦。从静止到时速350千米，启动加速时间仅需391秒，比既有CRH380动车组减少了81秒，加速距离缩短了6.4千米。

（2）复兴号电力动车组由制动系统实施统一的列车制动力管理、计算和分配，实现空电复合控制模式，采用统一减速曲线控制，同步控制性能更优异；充分利用黏着及再生电制动，再生制动功率提升为牵引功率的1.3倍，闸片磨耗显著降低。

（3）复兴号电力动车组采用主动控制受电弓和整

体密闭的高压箱结构，高压设备外绝缘雷电冲击耐受电压由170千伏提升至185千伏，提高了在雾霾等恶劣天气条件下，高压系统抗雷电冲击和防污闪能力。

安全保障更智能 动车组采用完善的主动和被动安全防护设计，采用先进的车载网络、车地通信网络，应用传感器采集、数据处理、故障诊断、自动控制、远程监控等技术手段，构建了更智能的动车组安全保障体系。

（1）全车共设置2 500个传感器检测/监视点，比既有动车组增加500个检测点，能够实时智能感知动车组的运行及设备工作状态。当检测到异常时，可以及时自动控制动车组减速或停车，使动车组导向安全。

（2）设置多种主动安全预警装置和故障导向安全设计，采用多级吸能结构和耐碰撞车体结构设计，主动和被动安全措施全面。

（3）列车车载控制网采用符合国际标准的列车通信网，列车维护网采用以太网。维护网可实现故障诊断信息传输，完成软件更新和数据下载，数据传输能力提升至100 Mbp · s^{-1}，可实现单点对车上控制设备的维护功能。

（4）应用3G/4G/5G通信技术实现车地信息传输，地面监控人员可实时掌握动车组运行动态，可支持在线数据监控。无线传输设备系统还具有轮对轴承温

度数据曲线回放和历史故障数据统计的功能。

绿色环保更节能 虽然铁路具有能耗低、污染小和运量大等优势，但随着列车运行速度的提高、运量的增加、运行距离的延长，节能和环保方面也面临了新的挑战。高速铁路是庞大复杂的系统工程，列车运行过程中影响因素众多，为实现节能环保目标，复兴号在降低能耗和噪声、采用环保材料、提高能效和再生能源利用方面取得了显著成效。

（1）复兴号电力动车组采用全新低阻力流线型头型设计，优化车顶设备安装结构，采用全包式外风挡，实现车体平顺化。复兴号电力动车组运行阻力比既有动车组降低7.5%~12.3%，以时速350千米运营时，人均百公里能耗降低约17%。

（2）复兴号电力动车组车外噪声优于既有动车组，在京沪高铁350千米/时运行时车外噪声降低1~3分贝。

（3）大量使用环保绿色材料，如采用水性涂料，无毒无刺激气味，环保节能。

（4）提高牵引系统效率，降低冷却系统能耗，使用再生制动技术，降低闸片磨耗，实现电能循环使用。

乘坐体验更舒适 复兴号在旅客乘坐空间、座椅间距、内部噪声、空气瞬变压力、平稳性方面显著改善。

（1）动车组内部噪声优于既有动车组，在京沪高铁350千米/时运行时，司机室内和客室内噪声可降低1~3分贝，受电弓客室端部噪声降低6~7分贝。

（2）压力波变化率比既有动车组降低20%，进一步降低通过隧道或交会时耳部不适感。

（3）车体横向平稳性均值降低21%，车体垂向平稳性均值降低11%，动车组运行更加平稳舒适。

（4）动车组的车体宽度增加到3 360毫米，高度增加到4 050毫米，车体断面增大7%~10.5%，乘客座椅间距加大，旅客乘坐空间改善，乘坐环境更舒适。其内设有商务座席、餐厅吧台、一等座席和二等座席布局。

（5）增设旅客用免费WiFi无线网络，提供移动办公环境，丰富旅途生活。

全寿命周期成本更节约 动车组互联互通、备品备件和主要零部件统型、高速列车维修周期统一是高速铁路系统综合保障工程中的重要组成部分，它们既是高速列车运用的前提和安全的保障，也是提高车辆效率、可用性、安全性和降低寿命周期成本的主要措施。

（1）一级修统一为6 000千米，三级修从6×10^5千米统一为1.2×10^6千米。复兴号动车组全寿命周期减少高级修12次。

（2）复兴号动车组整车寿命达30年，与既有动车组相比延长10年。

（3）通过统一互联、互通、互操作功能，实现不同厂家生产的相同速度等级动车组能够重联运行，不同速度等级动车组能够相互救援，使运营组织更加灵活，提升动车组的利用效率，降低运用成本。

（4）推进动车组主要部件统型，部件统型涉及十大系统86项，减少了备品备件种类，降低了动车组购置及运用成本。

列车标准体系 复兴号中国标准动车组技术标准体系包括基础通用、车体、走行装置等13大类技术标准。复兴号电力动车组采用的260项重要标准中，大量为国家标准、铁路行业标准、国铁集团企业标准和标准性技术文件等中国标准，占比达84%；同时部分采用了国际铁路联盟（International Union of Railways, UIC）、国际电工委员会（International Electrotechnical Commission, IEC）和国际标准化组织（International Organization for Standardization, ISO）等国际标准。

北京冬奥会期间，“瑞雪迎春”复兴号电力动车组增设滑雪器材存放区，完善无障碍设施，方便赛事人员和冬残奥会运动员出行；5G移动超高清演播室，是全球首次设置在时速350千米的高铁列车上。依托5G技术打造的超高清直播演播室，实现超高清信号的长时间稳定传输，为宣传报道冬奥盛会提供了全新的平台和视角。

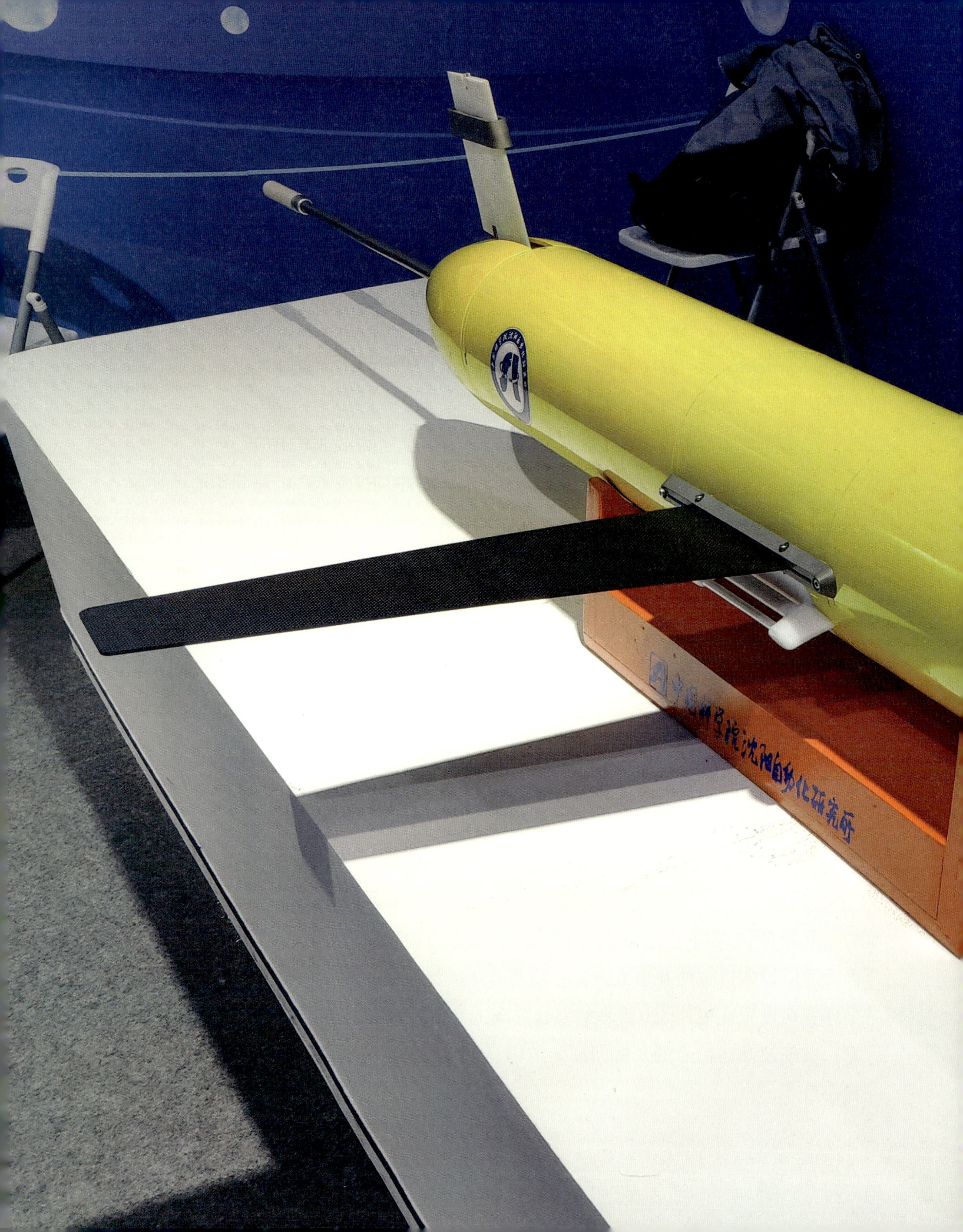
中国科学院沈阳自动化研究所

海翼号水下滑翔机

海翼号刷新了水下滑翔机最大下潜深度的世界纪录，
使我国成为继美国之后第二个具有跨季度自主移动海洋观测能力的国家，
为我国建设海洋强国提供了重要的科技支撑。

中国科学院沈阳自动化研究所
海斗一号
中国科学院沈阳自动化研究所
SHENYANG INSTITUTE OF AUTOMATION CHINESE ACADEMY OF SCIENCES

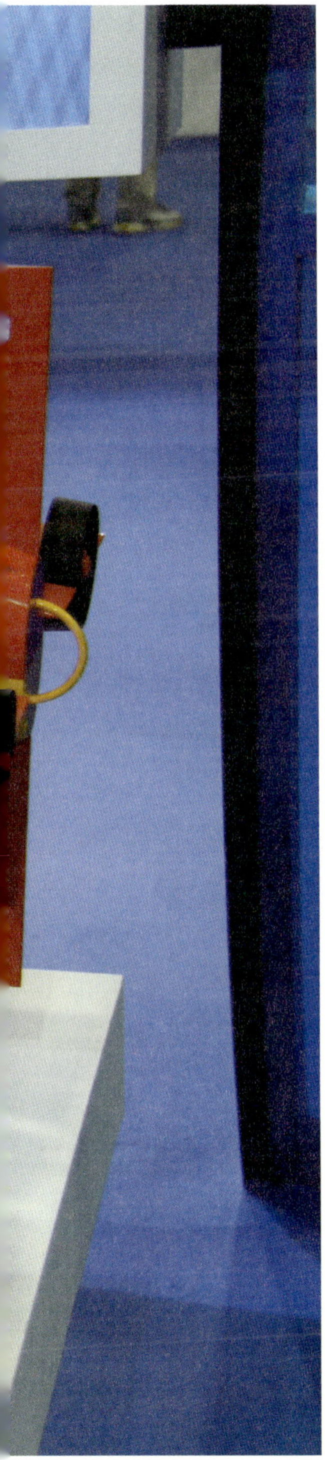

海翼号水下滑翔机（Underwater Glider Haiyi）是在中国科学院B类战略性科技先导专项的整体部署下，由中国科学院沈阳自动化研究所自主设计研制的水下滑翔机。针对不同海上观测任务需求，海翼号已经发展形成最大作业深度从300米到7 000米不等的系列水下滑翔机，可以满足不同工作深度和承担不同任务的需求。

当今世界主流的海洋观测技术主要包括天基、海基和水下移动3种方式。传统的海洋观测作业通常依赖固定系泊设备和科考船进行，观测范围有限。飞机、卫星可高效完成大面积海洋环境观测，却难以穿透水体进行较深海域监测。传统无人潜航器普遍使用电池作为动力装置，航时短、续航力弱。

水下滑翔机的概念最早由美国于1989年提出，主要以电池或太阳能为动力来源，通过浮力调节实现升沉，并借助固定翼的水动力实现水下滑翔运动，能源消耗少，只在调整净浮力和姿态角时消耗少量能源。水下滑翔机的发射方式包括水面平台发射、通过吊臂和特殊发射装置发射、通过甲板安装的固定轨道发射等多种方式，使用后通过固定式导轨、吊臂、回收笼以及人工方式收回。

虽然水下滑翔机航行速度较慢，但制造成本和维护费用低、可重复使用和大量投放，满足了长时间、大范围开展海洋观测的需要。与电力驱动的水下航行器相比，水下滑翔机作业时限可延伸到数月甚至数年。预设轨迹后，可自动通过所携带的CTD等传感器测量航线上的数据，使用卫星通信传回观测数据并接受遥控指令，是当前海洋水体自主观测的新型装备，也是实现深海大范围、长时序海洋观测与探测的有效技术手段。目前，美国、法国、日本、加拿大等国的水下滑翔机已形成多种型号，在体系结构和性能上各有所长，部分型号已经实现了产品化。

海翼号装配有一个类似于鱼鳔的油囊和可以前后移动的电池。下潜时，“鱼鳔”缩小，减小浮力，同时电池自动前移，头部开始下潜，“翅膀”会产生向前的推力，

这样海翼号就有了水平方向速度。要上浮时，“鱼鳔”鼓起，浮力增大，电池自动后移，它就会抬起头向上滑行。在不断地下潜、上浮过程中实现折线前进，就像海豚一样在大海上保持航向不断前行。就这样，海翼号在水下沿着W字形轨迹运动前进。这种驱动方式只需要在调节电池位置和“鱼鳔”的时候耗费少许电能，这也使其具备了超长的续航能力。

海翼号布放

海翼号装载了多种类型的生态要素传感器，可测量海水温度、盐度、浊度、叶绿素及含氧量，再通过尾部的天线将收集到的数据传给卫星。工作人员可以通过卫星通信实现对水下滑翔机的远程控制和实时数据获取；还可以根据需要，实现多台水下滑翔机协同观测作业，为海洋科学家提供丰富的数据。

中国科学院沈阳自动化研究所从2003年开始研究，2009年首次海试。2017年3月6日，海翼号在马里亚纳海沟挑战者深渊完成大深度下潜观测任务并安全回收，其最大下潜深度达到6 329米，刷新了当时水下滑翔机最大下潜深度（6 000米）的世界纪录。此外，沈阳自动化研究所主持研制的海斗一号全海深自主遥控潜水器在马里亚纳海沟实现科考应用，“探索4500”自主水下机器人（AUV）成功完成北极科考应用，获取了近底高分辨多波束、水文及磁力数据。

海翼号使我国成为继美国之后第二个具有跨季度自主移动海洋观测能力的国家，对我国构建新一代智能移动海洋观测网、提供海洋环境信息保障具有重要意义，为我国建设海洋强国提供了重要的科技支撑。

中国国产航母

我国首艘自主设计和建造的国产航母驶向深蓝，
是我国航母发展的重要里程碑。
它也是我国坚定迈向海洋强国，
保障国家安全的重要战略利器。

中国人民解放军海军山东舰是我国基于对苏联库兹涅佐夫级航空母舰、中国辽宁号航空母舰的研究，自主研发建造的真正意义上的第一艘国产航空母舰。该舰舰名源自“山东省”。

山东舰交付海军（海南三亚，2019年12月17日）

世界一流

航空母舰是目前世界上最庞大、最复杂、威力最强的武器之一，素有“海上霸主”之称，是一种以舰载机为主要作战武器的大型水面舰艇。它通常拥有巨大的飞行甲板和舰岛，可以供舰载机起飞和降落，发展至今已是现代蓝水海军不可或缺的武器，也是海战最重要的作战舰艇之一。目前，全世界仅美国、中国、英国、意大利、印度、俄罗斯、法国、泰国、巴西、西班牙拥有或计划建造航空母舰，由于其技术难度、造价与维护费用巨大，拥有航空母舰已成为一个国家综合国力的象征。

我国首艘自主设计和建造的航空母舰于2013年11月19日开工建造，2016年8月4日完成飞行甲板安装，2017年4月26日在大连正式下水。2019年12月17日，经中央军委批准，我国第一艘国产航空母舰被命名为“中国人民解放军海军山东舰”，舷号为“17”。

山东舰长约315米、宽约75米，最高航速达31节，满载排水量约为7万吨级，使用常规动力推进。该舰搭载歼-15B战斗机以及其他型号舰载机，其中固定翼舰载机采用滑跃起飞。从1928年提出航空母舰建设规划，到2012年拥有第一艘航空母舰辽宁舰，再到山东舰正式入列，几代人的期盼与梦想，如今终于得以实现。

山东舰的外形与辽宁舰基本相似，但比辽宁舰更宽、更长。山东舰的甲板相当于3个标准足球场那么大。相对舰身变长，山东舰的舰岛比辽宁舰变小了，但高度增加。高度增加不仅拓宽了人员观察视野，还可以提升搭载的相控阵雷达的探测

首艘国产航母下水（2017年4月26日）

距离，增强战场形势的感知能力，便于防空作战。

山东舰采用的是346A改进型相控阵雷达，其外部散热罩已经变成了更简洁的平面方形，有着优秀的功耗控制和更强的冷却性能，探测距离和多目标跟踪能力也有较大提升。

舰岛是航空母舰的大脑，主要集结了航空母舰的指挥塔、飞行控制室、航海室、雷达和通信天线等。山东舰经过对部分舷台的重新设计，舰岛更加紧凑，甲板可用面积有所增加，使得舰载机甲板调度更从容，效率更高，提高了起降、出动效率，有助于战斗力的提升。

山东舰拥有3 000多个舱室，首次实现了社区化管理，具有高度的分工协作和信息交换能力，有效地提升了工作效率。

基于对库兹涅佐夫级航空母舰、辽宁舰的研究，山东舰由我国自行改进研发而成，上千万个零部件全部采用国产产品，实现了从改建到自建航空母舰的历史性跨越，是我国远洋军事能力显著提升的标志性成就。

山东舰正式入列是我国航空母舰发展的重要里程碑，也是我国迈向海洋强国的有力步伐。山东舰与辽宁舰一度一起组成中国海军“双航母”时代的核心，我国也成为继美国和英国之外世界上第三个拥有双航空母舰编队的国家。中国航空母舰正以精良的装备和专业的作战能力保卫华夏的海空两域，守护祖国的安全。

2022年6月17日，我国第三艘航空母舰——福建舰正式下水命名，舷号为“18”。这是我国完全自主设计建造的首艘弹射型航空母舰，其满载排水量为8万余吨，配置了电磁弹射和阻拦装置，采用平直通长飞行甲板。经历几十年的潜心发展，我国在国防科技创新方面取得了重大成就，国产航母、歼-20、东风-17弹道导弹等就是其中的典型代表。

蓝鲸 1 号首次海域可燃冰试采

蓝鲸 1 号在南海成功试采可燃冰，标志着我国在该领域取得了重大技术突破，不仅对我国未来保障能源安全、优化能源结构具有重要意义，甚至可能给世界能源接替研发格局带来改变。

BLUEWHALE I

2017年5月10日，我国在南海神狐海域海底天然气水合物（可燃冰）矿藏中首次成功开采出天然气，并试气点火。在水深1 266米的海底，203米至277米储层的可燃冰经降压分解后，甲烷气体沿着气液分离管从平台燃烧臂内喷涌而出，熊熊火焰在蓝色大海上格外耀眼。2017年5月18日，我国宣布首次开展海域可燃冰试采获得圆满成功。

可燃冰是由水和天然气在高压、低温情况下形成的类冰状结晶物质，要形成可燃冰必须满足3个基本条件：原材料、温度和压力。可燃冰燃烧值高，1立方米的可燃冰分解后可释放出约0.8立方米的水和164立方米的天然气，燃烧产生的能量明显高于煤炭、石油，燃烧产生的污染却比煤炭、石油少，更加清洁环保。可燃冰资源储量丰富，广泛分布于全球大洋海域，以及陆地冻土层和极地下面。据估算，其资源量相当于全球已探明传统化石燃料碳总量的2倍。

1999年，中国地质调查局成立，同意可燃冰项目作为新一轮国土资源大调查项目提前启动。2011年，国务院批准设立了新的可燃冰国家专项。专项分两个阶段：第一阶段为2011年至2020年，为可燃冰试采阶段；第二阶段为2021年至2030年，为可燃冰产业化、商业化开发阶段。2016年初，国务院制定的《中华人民共和国国民经济和社会发展第十三个五年规划纲要》明确指出，将推进我国可燃冰资源勘查与商业试采列入能源发展重大工程。

根据2016年11月中国地质调查局发布的《中国能源

矿产地质调查报告》的数据，我国可燃冰预测远景资源量超1 000亿吨油当量，开发前景广阔。

目前，世界各国对可燃冰开采的方案大致分为三种，即热解法、降压法、置换法。这三种方案均存在缺点，甚至可能破坏地壳稳定平衡，引发不良后果。

经过20多年不懈努力，我国取得了可燃冰勘查开发理论、技术、工程、装备的自主创新，实现了历史性突破。2017年，南海试采可燃冰所用的蓝鲸1号代表了当今世界海洋钻井平台设计建造的最高水平。蓝鲸1号长117米，宽92.7米，高118米，最大作业水深3 658米，最大钻井深度15 240米。蓝鲸1号拥有27 354台设备，40 000多根管路，50 000多个MCC报验点，电缆拉放长度120万米。作为最先进一代超深水双钻塔半潜式钻井平台，蓝鲸1号不仅在物理量上远超于其他项目，

可燃冰

而且在设计建造过程中，克服了技术攻关、项目管理、全球采购、实际作业应用等诸多挑战，如可燃冰通过管道向平台输送过程中的加压减压难题，再如科研人员为桩腿等部位研发了耐海水腐蚀、高强度、高韧性100毫米F690钢板。

蓝鲸1号是目前全球作业水深、钻井深度最深的半潜式钻井平台，适用于全球深海作业。与传统单钻塔平台相比，它配置了高效的液压双钻塔和全球领先的DP3闭环动力管理系统，可提升作业效率30%，节省燃料消耗10%，将我国深水油气勘探开发能力带入世界先进行列。

可燃冰具有巨大的经济价值和重要的战略意义，已引起全球各主要资源国的高度关注。蓝鲸1号在南海成功试采可燃冰，标志着我国在该领域取得了重大技术突破，不仅对我国未来保障能源安全、优化能源结构、建设海洋强国具有重要意义，甚至可能给世界能源接替研发格局带来改变。

慧眼号硬X射线调制望远镜卫星

慧眼号卫星采用了我国科学家原创的直接解调方法反演成像技术，
是我国研制的第一颗硬X射线天文卫星，
使我国在国际竞争激烈的高能天体物理观测领域占有重要的一席之地。

慧眼号硬X射线调制望远镜（Hard X-ray Modulation Telescope，HXMT）卫星，是我国研制的第一颗硬X射线天文卫星。它的出现填补了我国空间X射线探测卫星的空白，实现了我国在空间高能天体物理领域由地面观测向天地联合观测的跨越。HXMT卫星被命名为“慧眼”，除了寓意中国在太空“独具慧眼”以外，同时也为了纪念中国已故核物理学家何泽慧院士。在HXMT卫星立项面临困难的情况下，何泽慧院士两次致信国家领导人，请求关心HXMT项目，“使我国抓住利用方法的原始创新，在一个新的领域取得突破的机会”。

1993年，慧眼号由中国科学院高能物理研究所提出并负责卫星有效载荷、地面应用系统和科学研究工作，2005年8月和2007年3月，HXMT作为中国第一台太

慧眼号及其观测示意图

空望远镜被列入国家《"十一五"空间科学发展规划》和《航天发展"十一五"规划》，并于2017年6月15日11时在酒泉卫星发射中心由长征四号乙运载火箭成功发射至预定轨道。

慧眼号设计寿命4年，呈立方体构型，总质量约为2 500千克，装载高能、中能、低能X射线望远镜和空间环境监测器4个探测有效载荷，可观测1~250 keV能量范围的X射线和监测200 keV~3 MeV能量范围的 γ 射线。慧眼号采用了我国科学家原创的直接解调方法反演成像技术，通过宽波段、高灵敏度、高空间分辨率的X射线实现巡天观测、定点观测和小天区扫描，在世界现有X射线天文卫星中，具有先进的暗弱变源巡天能力、独特的多波段快速光变观测能力等优势。在卫星研制过程

中，科学家攻克了诸多设计难题，取得了X射线探测载荷一体化设计与实施、惯性空间任意姿态下对地测控与数传链路保障技术等多项技术突破，有力促进了新型元器件、特殊材料制备、载荷结构高精度加工等的发展。

慧眼号卫星发射入轨后，开展了4个方面的空间探测活动。

（1）对银道面进行巡天观测，发现新的高能变源和已知高能天体的新活动。

（2）通过观测和分析黑洞、中子星等高能天体的光变和能谱性质，加深对致密天体和黑洞强引力场中动力学和高能辐射过程的认识。

（3）在硬X射线/软 γ 射线能区获得 γ 射线暴及其他爆发现象的能谱和时变观测数据，研究宇宙深处大质量恒星死亡以及中子星并合等导致的黑洞的形成过程。

（4）探索利用X射线脉冲星进行航天器自主导航的技术和原理并开展在轨实验。

X射线本质上和可见光一样都是电磁波，只不过它的波长极短，能量又很高。它不会像可见光那样在镜面上发生折射或者反射从而聚焦成像，往往会直接砸在镜面上或者穿透镜面。能量越大，它的穿透力就越强。科学家们想了许多办法解决这一难题，比如发明掠射式镜面，即把镜面的粗糙度制作得足够低，同时X射线入射时与镜面的夹角足够小，但制作难度颇大。我国科学家独辟蹊径，在算法上下功夫，提出了直接解调成像的方法。20世纪90年代初，李惕碚院士与吴枚研究员便找到了一种算法，即使无法实现聚焦，仍可将有效调解之后的信号成像。后来李惕碚院士又结合扫描探测技术，提出了硬X射线调制望远镜的概念。

不同于聚焦式X射线望远镜，慧眼号是运用直接解调方法的调制望远镜，直接收集X射线，通过对接收到的数据进行计算分析，反演出遥远天体的真实图像。其结构相对简单，大大降低了研制费用，而且分辨率更高，受外界干扰产生的噪音信号更小。

慧眼号最核心的载荷是三台望远镜：高能、中能、低能X射线望远镜。其中，高能X射线望远镜由18个单体探测器组成，犹如蜻蜓的复眼，每个小眼睛都会收集一些光信号。这些光信号经过汇总、计算处理后，便被整合成一张完整的图像。

慧眼号的成功发射和运行，使中国在国际竞争激烈的高能天体物理观测领域占有重要的一席之地。2017年8月，升空仅2个月、仍处于调试期的慧眼号参与了双中子星并合引力波事件GW 170817对应的 γ 射线暴GRB 170817A的观测。2020年9月4日，《人民日报》报道，中国第一颗硬X射线天文卫星慧眼号卫星团队通过对X射线吸积脉冲星GROJ008-57的观测，采用直接测量的方法得到该脉冲星表面磁场强度为约10亿特斯拉，这是迄今为止，人类直接且非常可靠地测量到的宇宙中的最强磁场。2021年2月19日，研究人员在《自然·天文学》在线发表慧眼号的观测成果，确认快速射电暴可以起源于磁星爆发，破解快速射电暴的起源之谜。慧眼号还发现了距离黑洞最近的相对论喷流，发现了黑洞双星中逃离黑洞强引力场向外高速运动的等离子体流（简称冕），并首次在黑洞双星中观测到冕的速度演化。

虽然慧眼号设计寿命4年，但目前慧眼号的状态良好，卫星平台备用资源完好，预期可运行8~10年。

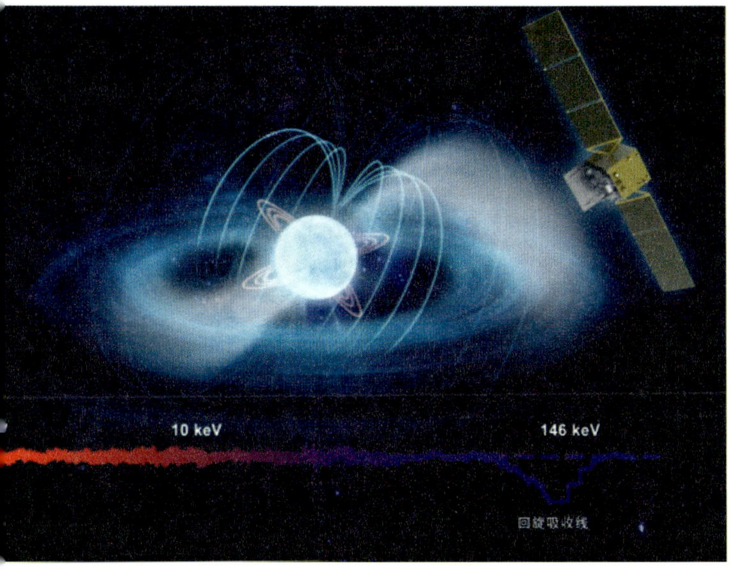

慧眼号观测吸积脉冲星艺术想象图

C919
B-001F

C919大型客机

中国自主创新而成的C919客机首飞标志着中国由此实现了民机技术集群式突破，
形成了大型客机发展核心能力。

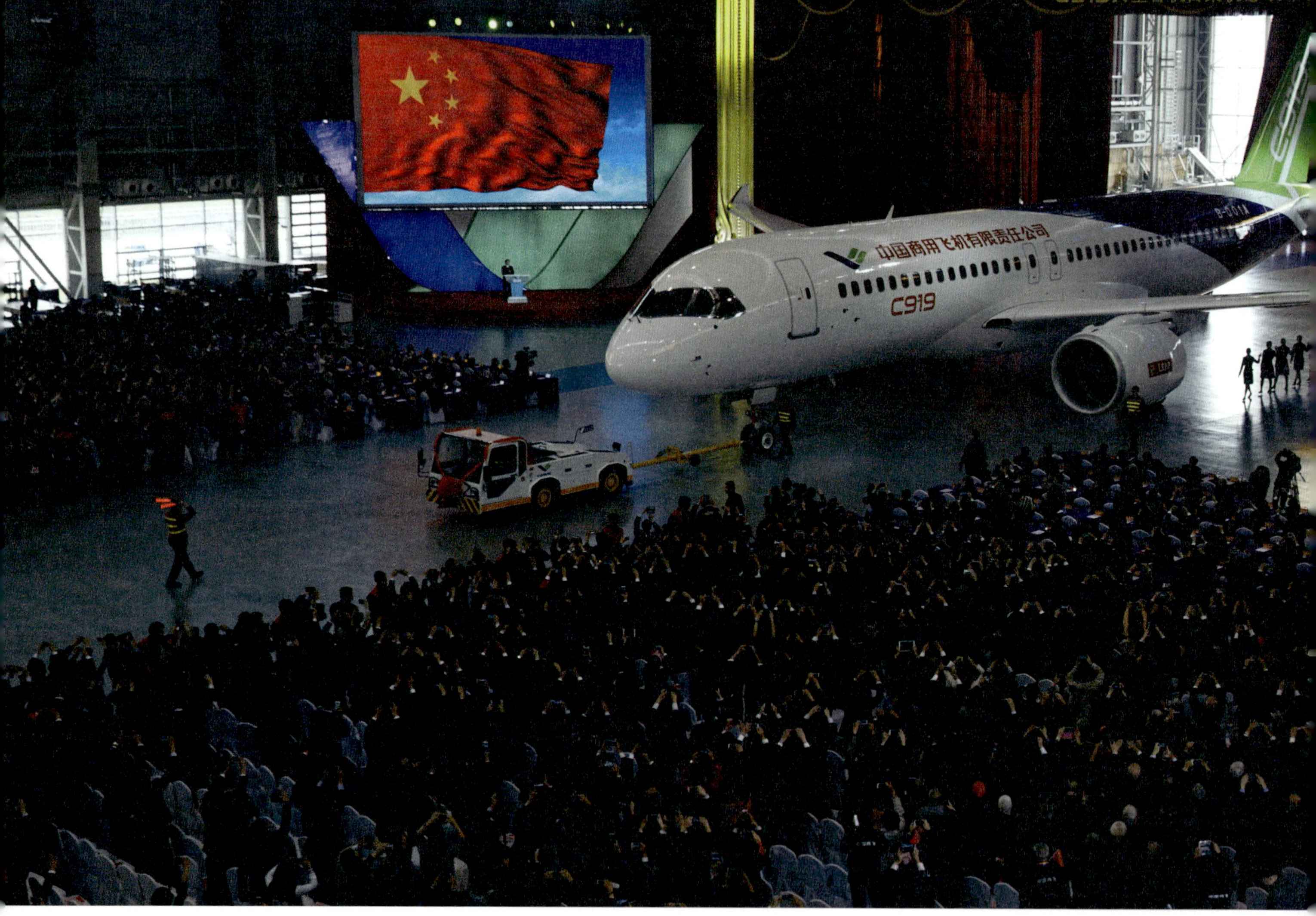
COMAC
C919大型客机首架机总装下
中国商用飞机有限责任公司
C919

C919大型客机是我国按照国际民航规章自行研制、具有自主知识产权的大型喷气式民用飞机，由我国商用飞机有限责任公司研制，专为短程到中程的航线设计，学名为“中短程双发动机窄体民用运输机”。

C919全称COMAC-C9-19，C取自中国（China）和中国商飞（COMAC）的首字母，并寓意将与空中客车（Airbus）及波音（Boeing）形成“ABC”鼎足而立的局面；飞机型号选择9，是因为九与“久”谐音，在中国传统文化中代表永恒，象征“天长地久”，后面的19指最大载客量为190个座位。

大飞机一般指最大起飞重量超过100吨的运输类飞机，也包括一次航程达到3 000千米的军用飞机或100座以上的民用客机。大型客机研发和生产制造能力，直接反映一个国家民用航空工业甚至整个工业体系的整体水平，也是一个国家整体实力的重要标志。全球最早的现代意义上的大型民用飞机诞生于20世纪50年代，以其为运输工具，航空运输业开创了商业喷气航空运输时代。得到所在国家的鼎力扶持，大型民用飞机产业已在美国、欧盟等国家和地区形成。大型民用飞机产业在全球政治、经济舞台正扮演着越来越重要的角色。

100周年

AVIC
庆祝中国共产党成立100周
网络安全

2007年，大型飞机研制重大科技专项正式立项，2008年11月，C919项目启动。

2009年9月8日，C919外形样机在香港举行的亚洲国际航空展上首次公开亮相。

2015年11月2日，C919首架总装完毕正式下线。

C919的首架原型机于2016年12月25日送交试飞中心。2017年4月，高速滑行试验完成，并于2017年5月5日下午在上海浦东国际机场顺利完成首飞。中共中央和国务院在飞机首飞成功后发出贺电。

C919首飞标志着中国由此实现了民机技术集群式突破，形成了大型客机发展核心能力。在研发过程中，C919走“中国设计、系统集成、全球招标，逐步提升国产化”的发展道路，坚持“自主研制、国际合作、国际标准”的技术路线。C919由中国自主整体设计，机头、机身、机尾、机翼等部分来自中国的成飞（成都飞机工业集团）、洪都（洪都航空工业集团）、沈飞（沈阳飞机工业集团）、西飞（西安飞机工业集团）等企业，而其他许多关键部分如引擎、起落架等都由中国设计，再交给外国企业生产。

通过C919的研制，中国在短短9年中搭建起了一个民机产业发展战略平台。不仅民用飞机技术从这个开创性、奠基性的平台上直接“生长”，新材料、现代制造、先进动力等领域关键技术，流体力学、固体力学、计算数学等基础学科也从中受益。

1
2

1 C919将使用的国产航空发动机——中国航发CJ1000A前端（2021年，珠海，张柏春 摄）
2 C919将使用的国产航空发动机——中国航发CJ1000A后端（2021年，珠海，张柏春 摄）

C919客机的自主创新，反映在5个方面：总体方案来自中国自主设计；自行主持气动外形设计并进行相关试验；机体从设计到制造完全由中国完成；在中国进行各种来自不同供应商的系统的集成；由中国进行全面管理。

真正的核心竞争力并非制造几架先进的飞机，而在于拥有一套国际公认的、高标准的民用航空标准体系。新研制C919只有在这套标准体系中证明自己的安全品质，才能获得全球航空市场的“登机牌”。先前已有6架C919国产大飞机投入取证试飞工作，全面开展失速、动力、性能、操控、飞控、结冰、高温、高寒等科目试飞，目前完成了取证试飞，取得适航证也只是时间问题。

SPEED BRAKE
FLAPS SLATS
FLAPS
L
R
PARKING BRAKE
COCKPIT DOOR

C919驾驶室内部

海水稻

海水稻是继杂交稻之后水稻行业的又一次重大革命性突破，其培育、推广是有效保障粮食安全的重要举措。

海水稻（耐盐碱水稻的俗称），指能在盐（碱）浓度0.3%以上的盐碱地生长且单产可达每亩300千克以上的一类水稻品种。海水稻是一种介于野生稻和栽培稻之间的普遍生长在海边滩涂地区、具有耐盐碱的水稻，比其他

普通的水稻具有更强的生存竞争能力，具有抗涝、抗盐碱、抗倒伏、抗病虫等能力。

国外最早开展耐盐水稻品种筛选和培育工作的是斯里兰卡，并于1939年培育出世界上第一个抗盐水稻品种。此后，印度、巴西、日本、比利时、美国、英国、澳大利亚等国也相继开展了水稻的耐盐性研究。国际水稻研究所（IRRI）于1975年种植试验表明，一些耐盐品系在轻盐渍化土壤上种植比不耐盐品系产量增加了每公顷1 500千克。

我国现有内陆盐碱地总面积近15亿亩，其中有近1.5亿亩具备开发利用潜力。盐碱地已成为我国重要的土地后备资源，开发利用好沿海滩涂以及现有内陆的盐碱地资源是保障耕地面积的有效途径。假如这些耕地都能种上海水稻，按照目前的产量300斤计算，每年能多收入450亿斤粮食。通过遗传改良提高水稻耐盐碱能力，培育耐盐碱新品种，已成为我国有效保障粮食安全的重要举措。

江苏省农业科学院从20世纪70年代就开展水稻种质资源耐盐性鉴定与评价工作，并筛选出如筑紫晴、红芒香梗福等一批耐盐水稻。1986年，广东海洋大学研究员陈日胜在湛江海边发现了第一株野生海水稻，申请了当时农业部的植物新品种专利，定名为“海稻86”，这被袁隆平院士评价为继杂交稻之后水稻行业的又一次重大革命性突破。

与普通水稻不同，海水稻是科研工作者利用遗传工程技术，以现有存活的高耐盐碱性野生稻为基础，选育出能在含盐度不低于1%的海水灌溉条件下正常生长的水稻品种。但大家不要误会，海水稻不是种植在海水中，亦不是用海水来灌溉，而只是能在含有一定盐（碱）浓度的盐碱地生长而已。

海水稻具备耐盐碱性是因为其根毛细胞液浓度够大，可以降低其细胞失水程度，并可以吸收足够水分，避免盐离子在细胞内扩散而影响生长。

2016年，袁隆平院士团队与陈日胜合作，次年10月测产，海水稻开始广为人知。2017年，中国工程院院士、“杂交水稻之父”袁隆平领衔成立青岛海水稻研究发展中心，并联合多家科研单位成立中国首个耐盐碱水稻区试协作组。2018年，袁隆平的团队在灌溉水盐度为0.6%的条件下培育出单产每公顷9 000千克的品种；2019年，在辽宁盘锦平均亩产达到300千克。2020年，青岛海水稻研究发展中心在全国的海水稻示范种植面积由原来2万亩扩大到10万亩，亩产破400千克；9月下旬起，10万亩海水稻陆续完成测产，其中，新疆喀什、宁夏石嘴山、黑龙江铁力和山东东营、潍坊、青岛等地测评亩产均超千斤。

2021年，袁隆平院士团队正式启动海水稻的产业化推广和商业化运营，拟用8至10年实现1亿亩盐碱地改造整治目标，实现“亿亩荒滩变良田”。

2021年，“海水稻”全国种植平均亩产达450千克。截至目前，耐盐碱水稻品种已有8个通过国家审定。

克隆猕猴“中中”“华华”

体细胞克隆猕猴

体细胞克隆猕猴的成功将推动我国率先发展出基于非人灵长类疾病动物模型的全新医药研发产业链，助力全人类生命健康事业。

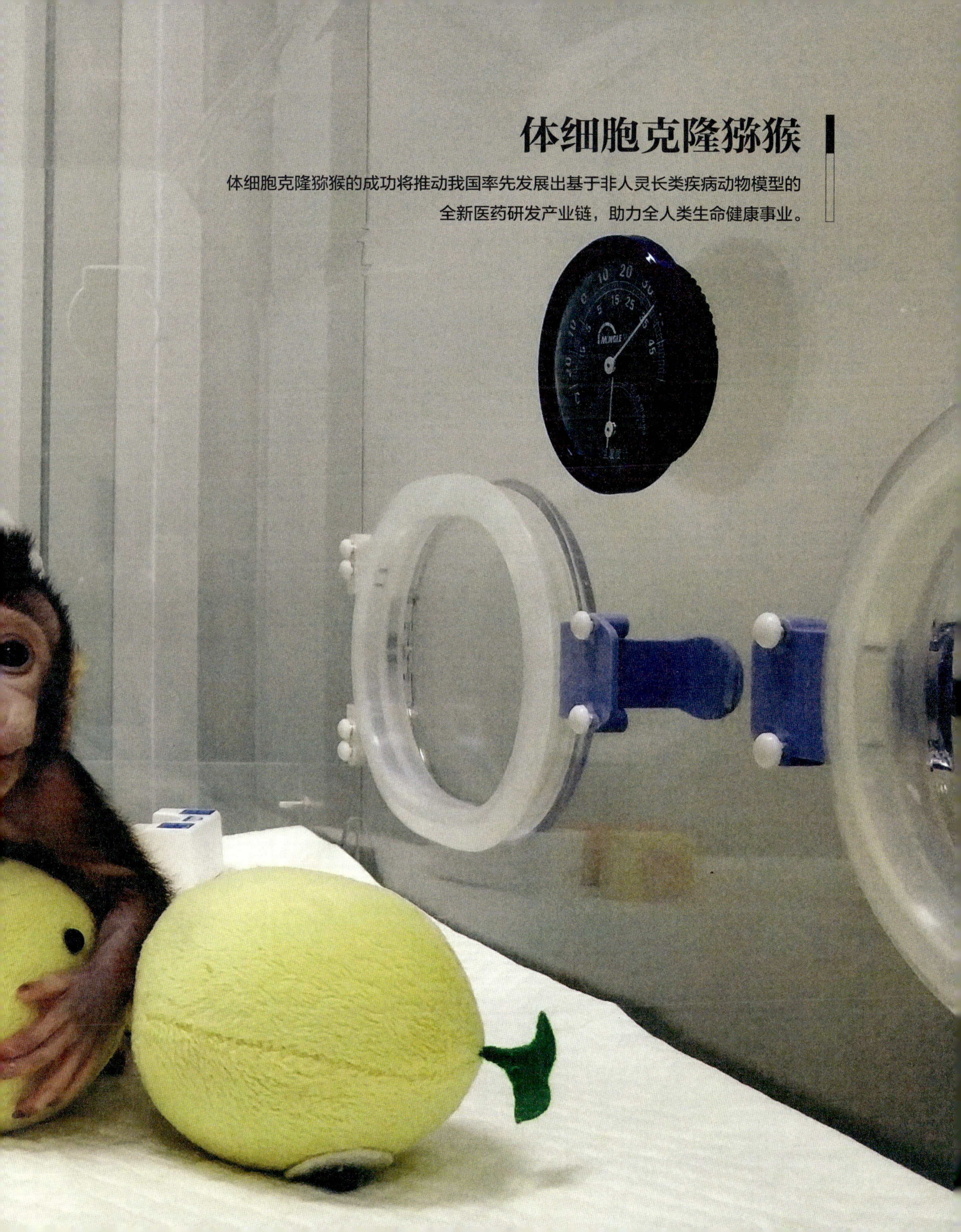

人类探索生命的奥秘，其关照的对象除了自身还有动物、植物等。譬如，开创了动物解剖学和实验生理学的古罗马医师盖仑便是借助对动物的认知推广至人体，进而推动了医学的发展。一些生命科学和医学史上的重要研究成果，大多与动物相关，如巴斯德和巴甫洛夫分别利用犬对天花疫苗和神经反射的研究，摩尔根利用果蝇对染色体的研究等。

科学家们直到20世纪50年代才真正意识到需要有专门用于实验的动物以保证其来源和品质对科学实验的一致性。于是，美国、英国等纷纷建立专门生产实验动物的中心或研究所。而中国实验动物科学真正起步和发展始于20世纪80年代，晚于西方科学发达国家，但很快完成了主要由引进到研发的历程。先是1980年农业部邀请美国马里兰州立大学比较医学系主任徐兆光来我国讲学，并举办了第一个全国高级实验动物人才培训班；1982年，国家科学技术委员会主持召开全国第一届实验动物工作会议；1984年，国务院批准建立了中国实验动物科学技术开发中心；1987年4月，中国动物学会成立……现如今，在基因编辑技术引发的新一轮基因工程动物研究中，中国在基因编辑动物研究方面已经国际领先，实验动物模型对中国生命科学和医学的支撑作用将越来越大。

实验动物模型在如今的医学中应用也是非常广泛，动物疾病模型主要用于实验生理学、实验病理学和实验治疗学（包括新药筛选）研究。目

前，全球实验动物已扩展到线虫、果蝇、蟾蜍、斑马鱼、小鼠、大鼠、豚鼠、兔、犬、猪、猴等不同进化地位的物种。人类在医学研究中使用的动物模型主要是小鼠和果蝇等，但这些动物模型因与人的昼夜活动周期、脑结构和代谢速率等存在明显差异，极大地制约了生物节律紊乱机理研究和相关疾病治疗手段的研发，而非人灵长类动物是与人类亲缘关系最近的动物，譬如猴子的繁殖周期和基因差异远大于小鼠和果蝇等。它们是可短期内批量生产遗传背景一致且无嵌合现象的动物模型，因此，体细胞克隆技术被认为是构建非人灵长类基因修饰动物模型的最佳方法，克隆猴则是研究节律紊乱相关疾病机理和诊治手段比较理想的动物模型。

2017年11月27日，世界上首个体细胞克隆猴“中中”在中国科学院神经科学研究所、脑科学与智能技术卓越创新中心的非人灵长类平台诞生；12月5日，第二个克隆猴“华华”诞生。两只克隆猴均为雌性。

研究人员发现，联合使用组蛋白H3K9me3去甲基酶Kdm4d和TSA可以显著提升克隆胚胎的体外囊胚发育率及移植后受体的怀孕率。在此基础上，他们用胎猴成纤维细胞作为供体细胞进行核移植，并将克隆胚胎移植到代孕受体后，成功得到两只健康存活克隆猴。

要了解这项重大科技突破的价值和意义，须要首先明白什么是体细胞核移植技术（SCNT）。

体细胞是一个相对于生殖细胞的概念，是多细胞生物体中除了生殖细胞以外的细胞。生理状况下，这类细胞的遗传信息不会像生殖细胞那样遗传给下一代。体细胞是执行特殊功能的而不具备发育特性，例如免疫细胞执行免疫防御功能，红细胞可以实现运养功能，但有些体细胞可以在体外进行培养实现无限增殖。也就是说，在可能的技术条件和不违背科学伦理的情况下，部分体细胞可以通过培养得到无数个体细胞。

体细胞核移植技术（又称体细胞克隆技术）就是利用了这个特点。世界上第一只克隆羊多莉（Dolly）就是这项技术的产物，此后相继诞生了其他克隆动物，如牛、鼠、猪、猫、兔、马、狗、狼等。

首先需要把动物体细胞分离培养，然后再采用核移植的方法，将卵母细胞去核作为核受体，以体细胞或含少量细胞质的细胞核即核质体作为核供体，将后者移入前者中，构建重组胚，供体核在去核卵母细胞的胞质中重新编程，并启动卵裂，开始胚胎发育过程，妊娠产仔。

体细胞克隆技术能够克隆那么多动物，那是不是就意味着在非人灵长类核移植就很容易实现了呢？答案很显然，难度依然很大。

我们以猕猴为例，探究其原因，难在3个方面。其一，猕猴细胞核不易辨识，去核难度大。其二，猴的卵母细胞容易被提前激活。一旦操作稍有不慎，猴卵母细胞就可能被激活，自主卵裂便开始了，体细胞则无法跟上这个节奏，进而导致卵细胞无法发育。其三，猴的体细胞克隆胚胎发育差，培养囊胚效率低，优质囊胚比例低。既然如此，是否可以不必在其上投入过多的科研精力呢？答案当然也是否定的。

我们知道许多科学研究是基于实验动物资源的，常见的实验动物资源是小白鼠、兔子等，我们国家也建有啮齿类实验动物资源库、遗传工程小鼠资源库、犬类实验动物资源库和非人灵长类动物资源库等。与人类相近的，优势明显的实验动物资源，当然是非人灵长类动物（譬如，猕猴），克隆猴是有助于建立模拟人类疾病的动物模型。

此处宕开一笔。实验动物资源库建设是国家将实验动物作为科技发展不可或缺的战略性生物资源推动其持续发展的重大举措，对构建支撑我国科技创新的自然科技资源平台具有前瞻性、基础性和战略性意义。

克隆羊多莉

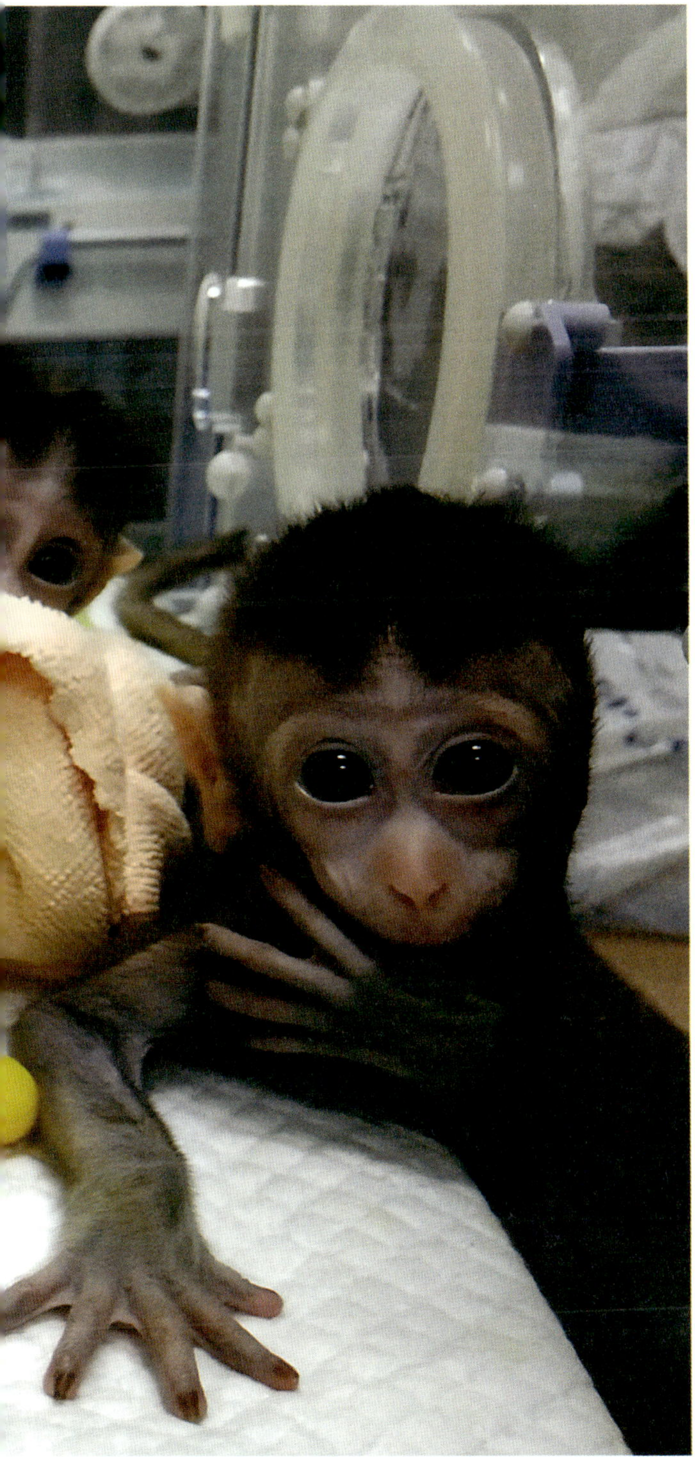

体细胞克隆猴的成功是该领域从无到有的突破，该技术将为非人灵长类基因编辑操作提供更为便利和精准的技术手段，使得非人灵长类可能成为可以广泛应用的动物模型，进而推动灵长类生殖发育、生物医学以及脑认知科学和脑疾病机理等研究的快速发展。具体而言，体细胞克隆猴的成功将推动我国率先发展出基于非人灵长类疾病动物模型的全新医药研发产业链，促进针对阿尔茨海默病、自闭症等脑疾病，以及免疫缺陷、肿瘤、代谢性疾病的新药研发进程。

总之，利用动物研究生命的本质并类推到人类，加深对人类自身的生、老、病、死等过程的理解和防控，这也是现代实验动物科学的核心价值，以及诸如犬、克隆猕猴等实验动物对人类的奉献。

ONE
ONE
YANG MING
HMM
CSAV
Hapag-Lloyd
740L
SIPG
742L
40t
ZPMC

洋山港四期自动化码头

洋山港四期自动化码头是全球规模最大、设备最先进的全自动化码头，其建设成功标志着中国港口行业在运营模式和技术应用上实现了里程碑式的跨越升级与重大变革。

COSCO SHIPPING

上海国际航运中心洋山深水港区四期码头是全球规模最大、设备最先进的全自动化码头。随着2017年12月10日四期开港，航运码头人工驾驶集装箱卡车来回穿梭这一景象已不再显现，一切变得安静而有序。四期的加入使上海港的年吞吐量有望突破4×10^7 TEU，达到目前全球港口年吞吐量的十分之一，成为国家名片“中国港口”的杰出代表。

20世纪90年代中叶，国际集装箱运输的发展趋势逐渐面向船舶大型化、经营联盟化、运输干线网络化。党中央和国务院对建设上海国际航运中心作出了重大战略部署，启动了上海洋山深水港的选址工作。经过了10 年的论证和建设，上海洋山深水港于2005 年正式开港。洋山深水港位于长江和东海交汇处，离岸30多千米，全部由大、小洋山等数十个岛屿组成，是世界上首个依托岛礁建成的超大型港口。其中，四期工程位于洋山深水港一——三期西北侧，由颗珠山岛、小乌龟岛、蒋公柱岛及花鱼礁等围海填筑约2.23×10^6平方米形成。2014年12 月，上海洋山港四期工程全面开建。四期工程为世上最大、最先进的智能化码头，基础采用新工艺，对勘探成果要求高，面临技术难度大、外海勘察依托条件差等难题，而且许多技术问题无规范可循和类似工程可借鉴。

上海洋山港四期工程总投资$1.284\ 8 \times 10^{10}$元，总用地面积达223 万平方米，岸线长度达2 350 米。整个工程建设了2 个7 万吨级以及5 个5 万吨级的集装箱泊位，1个工作船泊位，泊位总长约2 800米，可满足多艘大型集装箱船同时靠泊，设计年吞吐量6.3×10^6 TEU，其中水工结构均按靠泊1.5×10^5 吨级集装箱船舶设计与建造，设计年吞吐能力初期为400 万标准箱，远期可达到630 万标准箱。最终设备的规模是26 台岸桥、130+ 辆AGV 和120 台轨道吊。放眼全球，一次性建成投运规模如此之大的自动化码头是史无前例的。2021年洋山港四期完成570万标准箱的吞吐量。

SIPG
124
125
834

119

在上海洋山港四期码头系统中，自动化装卸系统是整个全自动码头的“中国芯”。设备调度管理控制系统（ECS）和码头生产管理系统（TOS）都是由我国自主研发而成的，组成了洋山四期全自动化码头的“心脏”与“大脑”。ECS 是一种环保、高效、经济的码头自动化装卸系统，用以实现自动化码头装卸设备的调度控制及设备间的协调工作。ECS 相当于自动化码头的“心脏”，主要根据TOS 规划和指令来完成对装卸设备的作业控制、流程优化、安全保护、监控管理和智能调度，取代了传统码头的司机及相关设备终端，智能化地指挥设备安全、自动、高效地把集装箱搬运到任务目的位置。

洋山港四期码头的AGV 设备控制系统也值得说一说，它与其他同类自动化码头相比有以下几个特点。

（1）AGV 自动换电技术。

（2）大规模AGV 路径规划及交通控制。

（3）顶升式AGV 支架交互技术。

（4）AGV 无线通信冗余技术。

（5）动态可配置作业区域技术。

（6）AGV 对悬臂式轨道吊进行交互作业技术。

（7）AGV 粗定位技术。

上海洋山智慧港口物流系统无论在智能化、自动化、信息化技术水平上，还是在低成本、高可靠性以及节能环保性能上都处于国内外同行的领先地位。洋山四期的建设标志着中国港口行业在运营模式和技术应用上实现了里程碑式的跨越升级与重大变革，对推进我国智慧城市建设和建设交通强国具有重要意义，对我国主要港口集装箱码头具有可推广性和复制性，具有十分显著的经济效益和社会效益，也为全球自动化码头建设提供了范本案例。

鲲龙 AG600 大型水陆两栖飞机

鲲龙 AG600 是我国首次研制的大型特种用途民用飞机，
是国家应急救援体系建设急需的重大航空装备。

AVIC
航空工业
B-002A

由中国航空工业集团有限公司自主研制的国产首款大型水陆两栖飞机——鲲龙AG600，于2018年10月20日在湖北荆门漳河机场成功实现水上首飞起降。AG600是继我国自主研制的大型运输机运20实现交付列装、C919大型客机实现首飞之后，在大飞机领域取得的又一重要突破。作为中国大飞机“三兄弟”之一的鲲龙AG600是我国为满足森林灭火和水上救援的迫切需要，首次研制的大型特种用途民用飞机，是国家应急救援体系建设急需的重大航空装备，也是我国航空工业坚持自主创新取得的又一重大科技成果。至此，中国大飞机终于迈出“上天

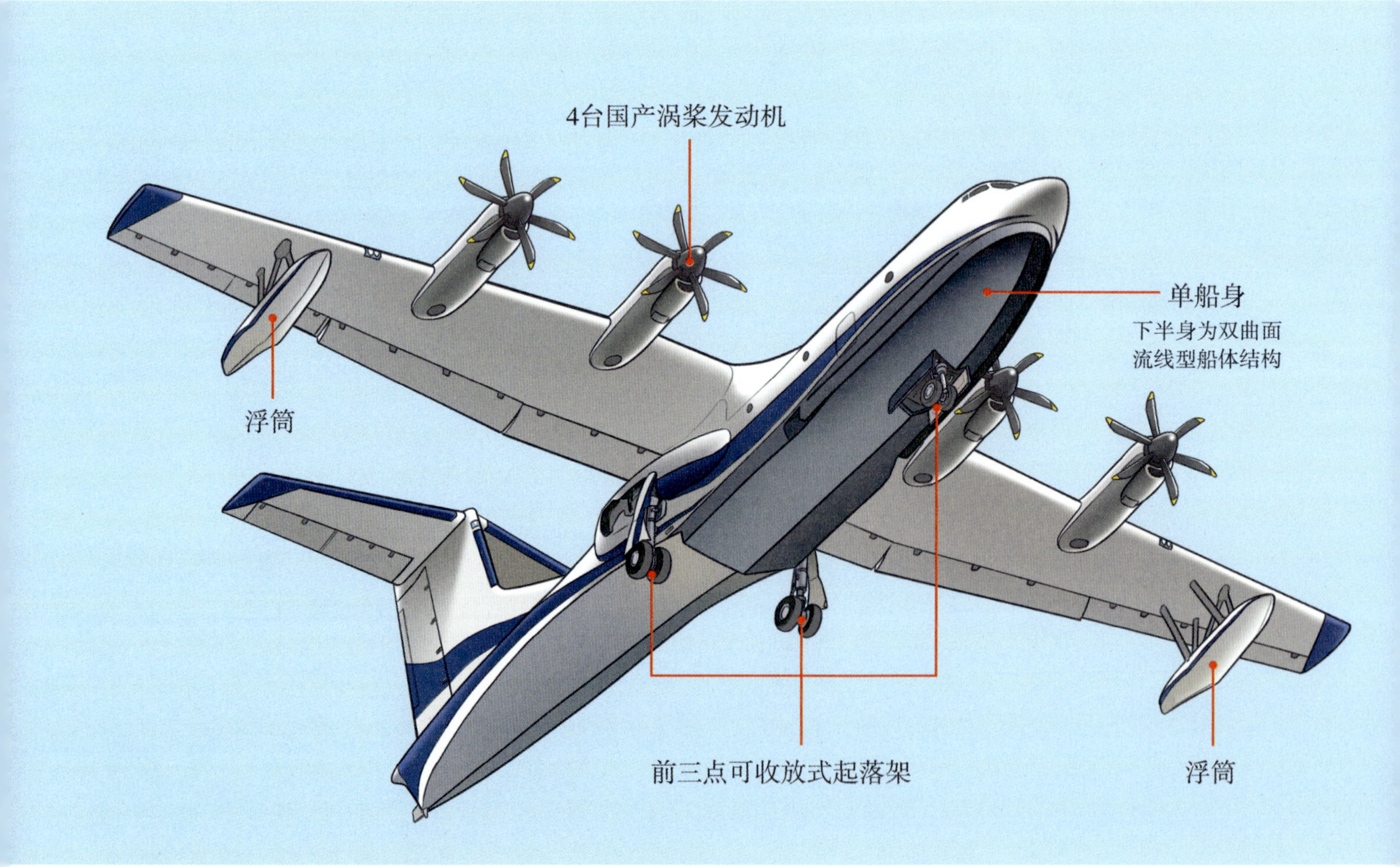

入海”完整步伐，构建起清晰的航空强国轮廓，也是实现建设航空强国目标的又一里程碑。

鲲龙AG600飞机采用单船身式机身、悬臂式上单翼、T型尾翼、前三点可收放式起落架的船身式水陆两栖飞机布局形式，机身长37米，翼展达38.8米，选装4台国产涡桨6（WJ6）涡轮螺旋桨发动机，时速可达500千米/时。水面起降抗浪高度2米，最大起飞重量53.5吨，20秒内可一次汲水12吨,是目前世界上在研最大的水陆两栖飞机之一。

AVIC
航空工业
B-002A
业工空
司公任责限有机飞用通航中

鲲龙AG600具有水陆两用、装载量大、航程远、升限适中、速度范围广、超低空飞行性能好等诸多特点，特别适用于火情监测和森林灭火、海难搜索和救援、海洋权益维护、海洋环境监测和保护等用途，不但填补了国产大型航空灭火飞机的空白，而且对于提升国产民用飞机产品供给能力和水平、促进我国应急救援航空装备体系建设、助推海洋强国建设具有重大意义。

鲲龙AG600是一艘会飞的船。为满足“既能在陆地上起降，又能在水面上起降”的特性，AG600飞机机身下部被设计成V型高抗浪船型机身，可在水源与火场之间多次往返投水灭火，一次最多可汲水12吨，可在距离树梢30米到50米高度进行投水。单次投水救火面积高达4 000余平方米，灭火效率惊人。

鲲龙AG600还是一艘会游泳的飞机。它除在水面低空搜索外，还可在2米高海浪的复杂气象条件下自由起降，或直接在水面停泊实施水面救援行动，水上应急救援可以一次性救护50名遇险人员。鲲龙AG600的问世为我国提供了开展中远海水上救援、远洋航行安全巡护的有效手段。

鲲龙AG600是我国众多科研机构、高校、企业协同作战的成果，该机型立足于国内产业链、供应链、创新链，实现了包括发动机、关键机载系统在内的100%国内自主配套，一大批新技术、新材料、新工艺得到了应用，具有示范带动作用。同时真正体现了我国在航空核心领域的独立自主创新能力，有助于进一步增强我国全球性科技创新的话语权和引领力。

港珠澳大桥

港珠澳大桥的建成标志着中国从桥梁大国走向桥梁强国，助力粤港澳大湾区建设。

港珠澳大桥（Hong Kong-Zhuhai-Macao Bridge）是我国境内连接香港、珠海和澳门的跨海大桥。港珠澳大桥于2009年12月15日动工建设，2018年10月24日，经过近6年筹备、9年建设的港珠澳大桥建成通车。这一超级工程集桥梁、隧道和人工岛于一体，东起香港国际机场附近的香港口岸人工岛，向西横跨南海伶仃洋水域接珠海和澳门人工岛，止于珠海洪湾立交。工程项目总投资额1 269亿元。

港珠澳大桥分别由三座大跨度钢结构斜拉桥、一条海底隧道、四座人工岛及连接桥隧、深浅水区非通航孔连续梁式桥和港珠澳三地陆路联络线组成。其中，三座通航桥从东向西依次为青州航道桥、江海直达船航道桥以及九洲航道桥；海底隧道位于香港大屿山岛与青州航道桥之间，通过东西人工岛连接其他桥段；深浅水区非通航孔连续梁式桥分别位于近香港水域与近珠海水域之中；三地口岸及其人工岛位于两端引桥附近，通过连接线接驳周边主要公路。

港珠澳大桥“中国结 三地同心”主题斜拉索塔

港珠澳大桥全长约55千米，主桥29.6千米，其中包含22.9千米的桥梁工程和6.7千米的海底隧道。隧道由东、西两个人工岛连接；桥墩224座，桥塔7座；桥梁宽度33.1米，沉管隧道长度5 664米、宽度28.5米、净高5.1米；桥面最大纵坡3%，桥面横坡2.5%内、隧道路面横坡1.5%内；桥面按双向六车道高速公路标准建设，设计速度100千米/小时，全线桥涵设计汽

港珠澳大桥西人工岛

车荷载等级为公路－Ⅰ级，桥面总铺装面积70万平方米；通航桥隧满足近期10万吨、远期30万吨油轮通行；大桥设计使用寿命120年，可抵御8级地震、16级台风、30万吨撞击以及珠江口300年一遇的洪潮。

港珠澳大桥建设难度之大，被誉为桥梁界的“珠穆朗玛峰”。它的建成，不仅标志着中国从桥梁大国走向桥梁强国，也意味着粤港澳大湾区建设正式驶入快车道。

2018年，港珠澳大桥工程先后获《美国工程新闻纪录》（ENR）评选的2018年度全球最佳桥隧项目奖、国际隧道协会2018年度重大工程奖和英国土木工程师学会（ICE）期刊*New Civil Engineer*评选的2018年度隧道工程奖（10亿美元以上）。

2019年12月10日，港珠澳大桥珠海口岸工程获中国建设工程鲁班奖（国家优质工程）。

2020年8月，港珠澳大桥获2020年国际桥梁大会（IBC）超级工程奖。

2021年6月19日，港珠澳大桥被中共中央宣传部命名为全国爱国主义教育示范基地。7月1日，被中共广东省委宣传部命名为广东省爱国主义教育基地。

截至2018年10月，港珠澳大桥是世界上里程最长、沉管隧道最长、寿命最长、钢结构最大、施工难度最大、技术含量最高、科学专利和投资金额最多的跨海大桥；大桥工程的技术及设备规模创造了多项世界纪录。

港珠澳大桥主桥为三座大跨度钢结构斜拉桥，每座桥都有独特艺术构思。其中青州航道桥塔顶结型撑吸收“中国结”文化元素，江海直达船航道桥主塔塔冠造型取自“白海豚”元素，九洲航道桥主塔造型取自“风帆”，寓意“扬帆起航”。大桥水上和水下部分高差近100米，既有横向曲线又有纵向高低，整体宛若一条纤丝轻盈的丝带，并把多个节点串联起来，寓意“珠联璧合”。

港珠澳大桥交通工程包括通信、监控、照明、供电、给排水等12个子系统。其中，供电系统搭配了先进的无人值守“MMJ”电缆头熔接技术，具有低电阻、高强度等特点，降低了运行风险。港珠澳大桥采用了一种长宽1.77米、由多层新型高阻尼橡胶和钢板交替叠置结合而成的隔震支座实现抗震。

港珠澳大桥地处外海，气象水文条件复杂，建设难度大。譬如，涌浪暗流及台风都极大影响了高难度和高精度要求的桥隧施工；海水氯盐可腐蚀常规的钢筋混凝土；淤泥是生态环境的重要组成部分，过度开挖会导致生态灾难；海底软基深厚，基岩深埋基本处于50～110米范畴。

为此港珠澳大桥进行了多项技术创新，其中

港珠澳大桥东人工岛

海底沉管隧道是最佳方案，也是整个工程的核心。港珠澳大桥沉管隧道采用中国自主研制的半刚性结构沉管隧道，能满足隧道120年不漏水的要求。沉管隧道安置采用集数字化集成控制、数控拉合、精准声呐测控、遥感压载等为一体的无人对接沉管系统；并且沉管对接采用多艘大型巨轮、多种技术手段和人工水下作业方式相结合。

港珠澳大桥海底隧道东西人工岛是水上桥梁与水下隧道的衔接部分，为全线路段的重点配套工程。东西人工岛皆汲取“蚝贝”元素，寓意珠海横琴岛盛产蚝贝。东人工岛西边距铜鼓航道中心1 563米，采用椭圆形布设，岛长625米，宽225米，总面积为10.316 1万平方米，建筑面积约2.5万平方米；西人工岛东边距伶仃西航

道中心2 018米，也设为椭圆形岛，岛长625米，宽185米，总面积为9.796 2万平方米，建筑面积约1.8万平方米；为减少阻水效应，两岛均位于–10米等深线以外。其中，东人工岛除了养护救援功能外，附加旅游服务功能，建设环岛步道用以观光；西人工岛以管理功能为主，设运营、养护以及救援站。东西人工岛建筑顶部均设有一个帽子状的中央风口，保持隧道空气畅通。

近些年，除港珠澳大桥以外，我国在桥梁建设方面成绩斐然，如沪通长江大桥、平潭海峡公铁两用大桥、四渡河大桥、北盘江大桥、龙江特大桥、丹昆特大桥等纷纷建成。

港珠澳大桥夜景

沪通长江大桥

沪通长江大桥主跨1 092米，2014年3月动工建设，2019年9月实现全桥合龙，2020年7月建成通车，是世界上首座跨度超千米的公铁两用斜拉桥。

大桥正在成为一张中国的新“名片”。中国的桥梁数量最多，桥梁跨多最大，而且中国桥梁界为世界桥梁创造了众多的“世界第一”。近十几年来，我国几乎每年都在刷新世界桥梁建设的纪录。钢拱桥中的重庆朝天门大桥（跨径552米）、

梁桥中的石板坡长江复线大桥（跨度330米）、斜拉桥中的苏通长江大桥（跨度1 088米）、悬索桥中的西堠门大桥（跨径1 650米）等，均是同类桥梁中跨度超群的大桥。

平潭海峡公铁两用大桥

我国首座跨海公铁两用桥、世界最长跨海峡公铁两用大桥——平潭海峡公铁两用大桥，长达16.34千米，2020年建成通车。该桥建设过程中首创“深水裸岩区埋植式海上平台”技术，自主研发了世界最先进的KTY5000型液压动力头钻机，打造了起重能力达3 600吨、主钩起升高度达110米的大桥海鸥号自航双臂架变幅式起重船。该起重船是国内起重量最大、起升高度最高的双臂架起重船，堪称海上桥梁施工的巨无霸和超级大力士。

云雾中的四渡河大桥

位于湖北巴东县境内的四渡河大桥是沪渝高速公路控制性桥梁工程，主跨900米，桥面距谷底560米，一度是已建成通车的世界第一高悬索桥。

北盘江第一桥

贵州北盘江第一桥于2016年12月29日竣工通车，是世界最大跨径的钢桁架梁斜拉桥，其全长1 341.4米，桥面距江面高差达565.4米，相当于约200层楼高，被吉尼斯认证为“世界最高桥”。

龙江特大桥

龙江特大桥是横跨云南保山与腾冲之间龙川江河谷上的桥梁，大桥全长2 470.58米，主跨长1 196米，是亚洲最大的高速公路悬索桥。

丹昆特大桥

丹昆特大桥是京沪高速铁路丹阳至昆山段的特大铁路桥，全长164.851千米，是世界第一长桥、第一高铁长桥，其长度至今保持着世界吉尼斯纪录。

这些知名桥梁在选址、工程建造、材料工艺等诸多方面蕴含了众多自主技术创新，是中国综合国力的体现，在服务民生（脱贫攻坚等）、国家经济和社会发展方面起到了不可估量的作用。

全超导托卡马克核聚变实验装置（EAST）的全景图

中国“人造太阳”

中国“人造太阳”实验装置是我国战略高技术和产业关键核心技术取得的重大突破之一。

国际热核聚变实验堆（International Thermonuclear Experimental Reactor，ITER）计划，是目前全球规模最大、影响最深远的国际科研合作项目之一。该计划倡议于1985年，并于1988年开始实验堆的研究设计工作。2006年5月，中国、欧盟、印度、日本、韩国、俄罗斯和美国共同正式签署联合实施协定，启动实施ITER计划。ITER计划将历时35年，其中建造阶段10年，运行和开发利用阶段20年，去活化阶段5年。

核聚变研究是当今世界科技界为解决人类未来能源问题而开展的重大国际合作计划。与不可再生能源和常规清洁能源不同，聚变能具有资源无限、不污染环境、不产生高放射性核废料等优点，是人类未来能源的主导形式之一，也是目前认识到的可以最终解决人类社会能源问题和环境问题、推动人类社会可持续发展的重要途径之一。

ITER计划是实现聚变能商业化必不可少的一步，其目标是验证和平利用聚变能的科学和技术可行性。ITER计划集

EAST内部的局部细节图

成了当今国际受控磁约束核聚变研究的主要科学和技术成果，拥有可靠的科学依据并具备坚实的技术基础。

由我国自行设计、研制的“人造太阳”——世界上第一个非圆截面全超导托卡马克核聚变实验装置（简称EAST）于2006年成功完成首次工程调试，2007年3月通过国家验收后正式投入运行。在托卡马克装置上产生聚变能的科学可行性虽已被证实，但相关结果都是以短脉冲形式产生的，与实际反应堆的连续运行仍有较远距离。而超导技术成功应用于产生托卡马克强磁场的线圈上，是受控热核聚变能研究的一个重大突破。我国在一些战略高技术和产业关键核心技术上取得重大突破，获

中国环流器二号M装置全景图

得了一批重大原创成果，一些学科领域走到了世界前列，这便是其中之一。

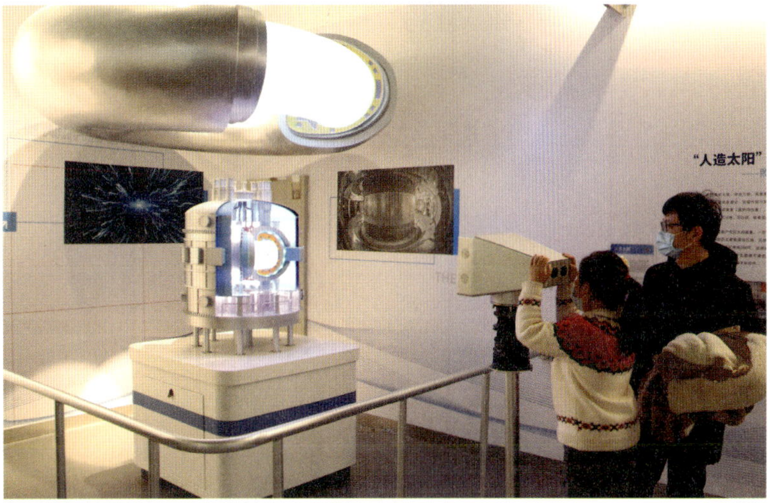

2013年1月5日，中国科学院合肥物质科学研究院等离子体物理研究所宣布“人造太阳”EAST又获重大实验成果，其辅助加热工程的中性束注入系统（NBI）在综合测试平台上成功实现100秒长脉冲氢中性束引出，初步验证了系统的长脉冲运行能力。这标志着我国自行研制的具国际先进水平的中性束注入加热系统已基本克服重大技术难关，为中性束注入系统投入EAST物理实验奠定了坚实基础。

2018年，“人造太阳”EAST已实现1亿摄氏度等离子体运行等多项重大突破，获得的实验参数接近未来聚变堆稳态运行模式所需要的物理条件，朝着未来聚变堆实验运行迈出了关键一步。

2021年12月30日晚，“人造太阳”EAST再次创造新的世界纪录，实现在7 000万摄氏度的温度下长达1 056秒的长脉冲高参数等离子体运行，这是目前世界上托卡马克装置高温等离子体运行的最长时间。

2020年12月4日14时02分，新一代“人造太阳”装置——中国环流器二号M装置（HL-2M）在成都建成并实现首次放电，标志着我国已自主掌握了大型先进托卡马克装置的设计、建造、运行技术，为我国核聚变堆的自主设计与建造打下了坚实基础。

托卡马克（TOKAMAK）型磁约束法是利用通过强大电流所产生的强大磁场，把等离子体约束在很小范围内，从而避免了直接面对超高温的挑战。正在组建的国际热核聚变实验堆和目前大多数可控核聚变装置都是基于这个原理。托卡马克装置巧妙地利用电磁场作为“笼子”将高温等离子体“关押”起来，这样就可以实现高温等离子体不与任何材料接触。目前，主流的等离子体原料为氘和氚，这两种元素在海水中的含量可供人类使用上百亿年，因此这种资源基本上接近于无限。此外，核聚变的零碳排放和高效能也成为人类千方百计想要掌握这一技术的重要原因。目前，我国的托卡马克装置能量输出输入比能达到1.25，证实了这种方法的可行性。

中国环流器二号M装置

2019年6月5日，位于四川成都的我国新一代可控核聚变研究装置“中国环流器二号M”的工程安装全面启动。与国内同类装置相比，中国环流器二号M装置采用了更先进的结构与控制方式，等离子体温度将有望超过2亿摄氏度。该装置将为我国参与国际热核聚变实验堆相关实验与运行以及未来自主设计建造聚变堆提供重要的技术支撑。

HL-2M
中国环流器二号M装置

嫦娥四号探测器成功发射

嫦娥四号月球探测器

嫦娥四号是人类首个在月球背面着陆的探测器。
它着陆月球背面在国际上极具开拓性和创新性，
开辟了人类月球探测的新领域，
树立了国际探月征程上新的里程碑。

嫦娥四号飞行轨道示意图

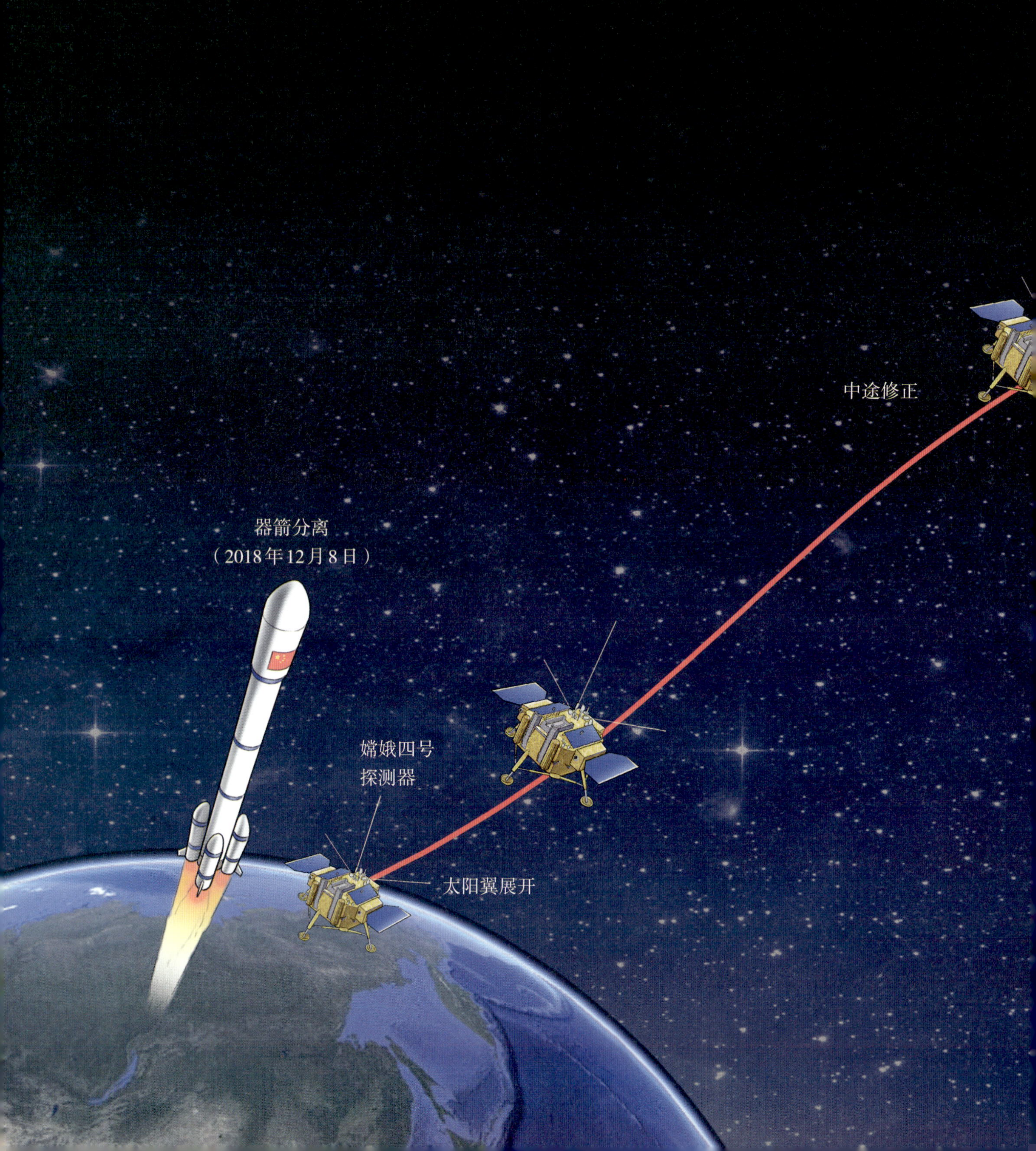

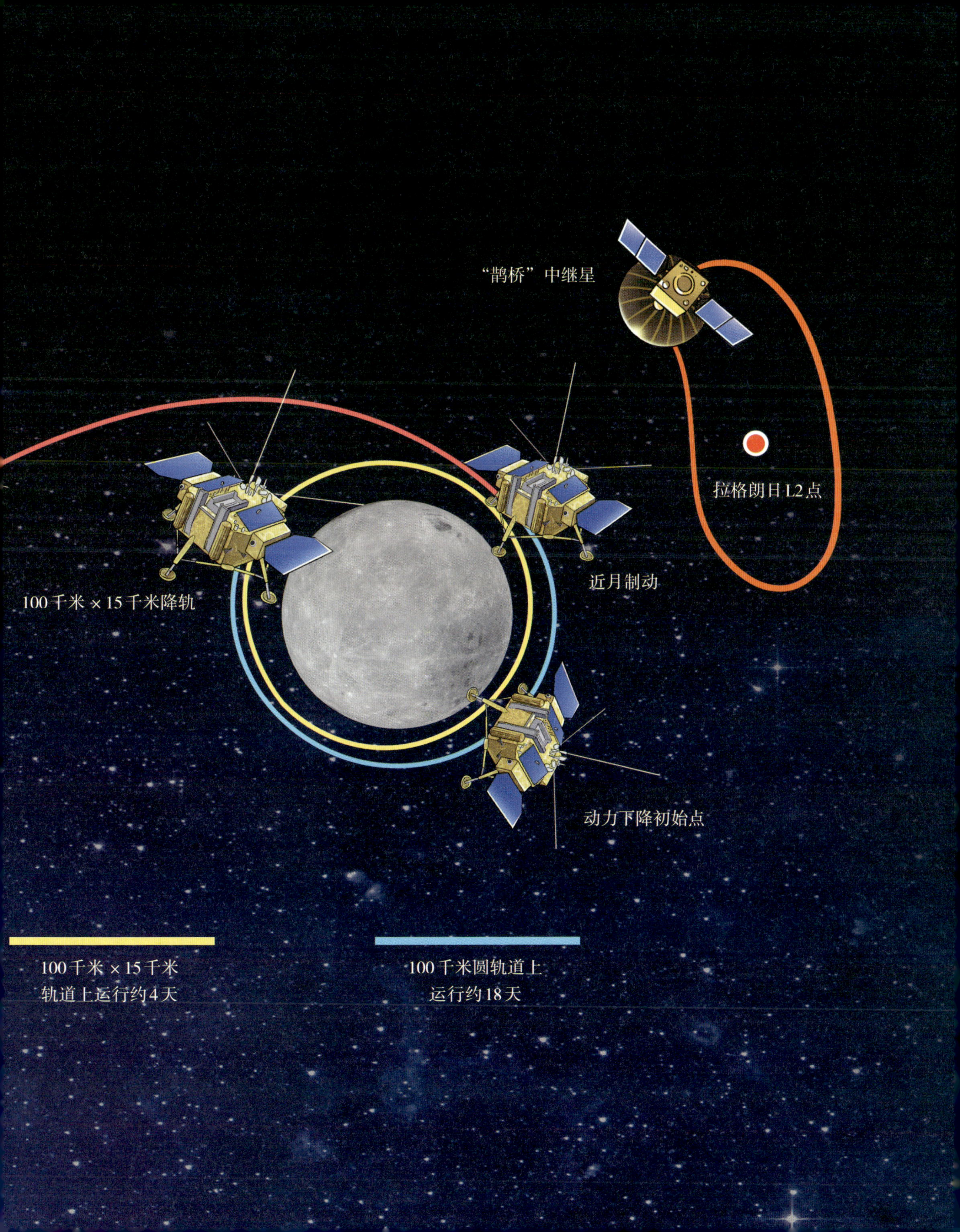

“鹊桥”中继星
拉格朗日L2点
近月制动
100千米×15千米降轨
动力下降初始点
100千米×15千米
轨道上运行约4天
100千米圆轨道上
运行约18天

玉兔二号巡视器全景相机对嫦娥四号着陆器成像

CNSA
中国探月
CLEP

嫦娥四号月球探测器是人类第一个在月球背面着陆的探测器，该探测器于2018年12月8日发射升空，实现了人类首次月球背面软着陆和巡视勘察，意义重大，影响深远。

众所周知，由于潮汐自转等原因，月球只有一面对着地球，我们在地球上永远无法直接看全月球背面。然而，月球的背面是不少科学家梦寐以求的科学研究场所。研究表明，即便是同一个天体，不同的区域也会有不同的特点和性质。月球背面和正面的电磁环境差别很大，月球背面电磁环境“非常干净”，是开展低频射电研究的绝佳场所，如果能在月球背面放一个低频射电的频谱仪，天文学家可以收集很多此前从未见到过的数据，以填补人类研究的空白。

月球探测器在月球背面着陆的难度很大。在过去的60多年间，人类已经发射了超过百个月球探测器，其中有65个月球着陆器，但由于月球整体的阻拦，其背面成了地面通信和测控的禁区。即便到了载人航天时代，也仅有非载人的环绕月球轨道器和载人的阿波罗号看到过月球背面，从未有宇航员或探测器就位探测过这一片区域。欧阳自远院士说：“在朝着我们地球的月球正面，我们可以和正面的探测器通信、联络，发送指令，

嫦娥四号着陆器地形地貌相机对玉兔二号巡视器成像

而在月球背面，联络问题就会遭遇巨大的挑战。”

为了保证月球背部与地球的通信，在嫦娥四号发射前我国发射了全球首颗月球专用通信中继卫星鹊桥号。由于月球比地球小，中继卫星鹊桥号可以有效保证月球背面和地球之间的通信效果。

人类历史上第一张月球背面照片

嫦娥四号着陆器地形地貌相机拍摄的玉兔二号在A点影像图

嫦娥四号着陆器、玉兔二号月球车（巡视器）由长征三号乙改进Ⅲ型运载火箭发射升空。其中，着陆器任务过程包括发射段、地月转移段、环月段、动力下降段、月面工作段五部分。月球车上搭载中国、荷兰、德国、瑞典、沙特阿拉伯等国家航空组织的科学仪器。

2019年1月3日10时26分，嫦娥四号探测器成功在月球背面东经177.6°、南纬45.5°附近的预选着陆区月球背面南极-艾特肯盆地（South Pole-Aitken，SPA）内的冯·卡门撞击坑（Von Kármán）着陆。着陆点之后被命名为天河基地。同时，嫦娥四号探测器通过鹊桥号中继星传回世界第一张近距离拍摄的月背影像图。这是世界首次实现月球背面软着陆和巡视勘察，同时是首次在月球的高纬度极地着陆，也是首次月背与地球的中继通信。

嫦娥四号任务由工程总体及探测器、运载火箭、发射场、测控、地面应用五大系统组成。嫦娥四号有三大科学任务：开展月球背面低频射电天文观测与研究；开展月球背面巡视区形貌、矿物组分及月表浅层结构探测与研究；试验性开展月球背面中子辐射剂量、中性原子等月球环境探测研究。它首次在月球背面开展地形地貌、月壤、月尘、月壳、射电天文、月球撞击等多方面探测研究。这在国际上极具开拓性和创新性，开辟了人类月球探测的新领域，树立了国际探月征程上新的里程碑。

2019年11月26日，嫦娥四号工程被英国皇家航空学会授予航空团队金牌奖，这是该学会成立153年来首次向中国项目颁发奖项。

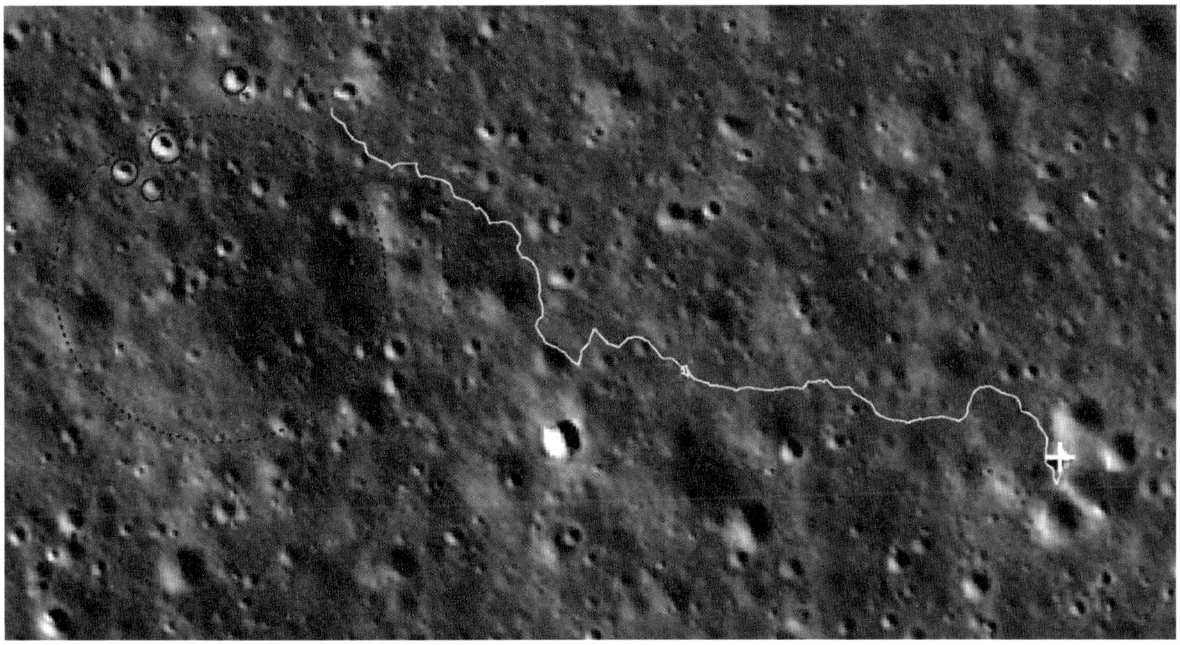

玉兔二号巡视线路图（2020年11月）

上海磁悬浮列车和车站

时速600千米高速磁悬浮列车

时速600千米高速磁浮列车是中国抢占世界轨道交通领域“制高点”、全球交通科技竞争的战略高地的国之重器。

2016年10月，科技部启动了国家重点研发计划“先进轨道交通”重点专项——时速600千米高速磁悬浮交通系统关键技术研究项目，由中国中车股份有限公司牵头组建联合体承担。

2019年研制出试验样车，并于2020年6月在同济大学试验线上成功试跑，经过系统优化确定最终技术方案。2021年7月20日，由中国中车承担研制、具有完全自主知识产权的时速600千米高速磁悬浮交通系统在青岛成功下线，这是世界首套设计时速达600千米的高速磁浮交通系统。历时5年攻关，我国成功攻克关键核心技术，系统解决了速度提升、复杂环境适应性、核心系统国产化等难题，实现了系统

全球首个时速600千米高速磁浮交通系统在青岛下线

集成、牵引供电、运控通信、线路轨道等成套工程化技术的重大突破。

我国首列5辆编组的时速600千米高速磁悬浮工程化列车，开发出新头型及气动方案，解决了超高速条件下的空气动力学难题。其采用先进激光复合焊和碳纤维技术，研制了满足超高速气密承载要求的轻质高强度车体。其自主开发悬浮导向和测速定位装置，控制精度达到国际领先水平。列车还突破关键制造工艺，掌握了悬浮架、电磁铁及控制器等关键核心部件制造技术。

在系统集成方面进行创新，列车突破运用场景和复杂环境适应性技术瓶颈，使高速磁浮满足长途、通勤等多场景运用需求，能够适应江河隧道、高寒、高温高湿等复杂地理气候环境。

时速600千米，这是当前可实现的“地表最快”建设。因此，高速磁浮也被形象地称为“贴地飞行”。

高速磁悬浮列车辆底部的悬浮架装有电磁铁，与铺设在轨道下方的铁芯相互吸引，产生向上的吸力，从而克服地心引力，使车辆“悬浮”起来，再利用直线电机驱动列车前行。高速磁浮这种无接触的运行方式，取代了传统轮轨的机械接触支撑，从根本上突破了传统轮轨关系的约束，因而可以达到更高的运行速度，实现时速600千米的极速“凌空飞行”。由于无轨接触，其运行时车外100米处噪声控制能够满足居民住宅区的限值要求。

由于不受轮轨黏着限制，高速磁浮还具备更强的加减速能力。轮轨高铁从起动加速到时速350千米需要6分钟，而高速磁浮从静止加速到时速600千米，只需3分半钟。快起快停，使它能更加充分地发挥速度优势。这速度优势得益于列车拥有了我国自主创新的“心脏”——高速磁浮牵引供电设备。这套牵引供电系统采用“交-直-交”变流电力传动技术，经过“输入-整流-逆变-输出”，将35千伏工频电源转化为可变频率电源，为时速600千米磁浮列车提供了可靠电能。

时速600千米高速磁悬浮道岔也是国家“十三五”重点研发计划“先进轨道交通”重点专项研究内容之一。该道岔为单开可挠型右开道岔，全长近80米，宽近

3米，转辙距近4米，直向通过速度达600千米/时，是目前世界上通过速度最高的高速磁悬浮道岔。

作为国际尖端技术，高速磁悬浮是世界轨道交通领域的一大“制高点”，是全球交通科技竞争的战略高地。高速磁悬浮可以成为高速高品质出行的有效途径之一，丰富我国综合立体交通网。它的应用场景多样，可用于城市群内的高速通勤化交通、核心城市间的一体化交通和远距离高效连接的走廊化交通。当前，我国经济发展带来的商务客流、旅游客流和通勤客流对高速出行的需求日益攀升，作为高速交通的有益补充，高速磁悬浮可以满足多元化出行需求，促进区域经济一体化协同发展。

磁悬浮测试轨

雪龙2号极地科学考察破冰船

雪龙2号是我国第一艘自主建造的极地科学考察破冰船，
填补了我国在极地科考重大装备领域的空白。

2
2
TUG
CHINARE
CHINARE

雪龍
XUE LONG

雪龙2号极地科学考察破冰船（H2560）是我国继向阳红10号、极地号和雪龙号之后的第4艘极地科学考察船，也是我国第一艘自主建造的极地科学考察破冰船。

雪龙2号是全球第一艘采用船艏、船艉双向破冰技术的极地科学考察破冰船，能够在1.5米厚冰环境中连续破冰航行。该船可实现极区原地360度自由转动，并可突破极区20米当年冰冰脊，其船舶机动能力大幅提升，能够满足无限航区要求，具备全球航行能力，能够在极区大洋安全航行的具备国际先进水平的极地科学考察破冰船，填补了我国在极地科考重大装备领域的空白。

雪龙2号的研制工作由自然资源部所属的中国极地研究中心组织实施，于2016年底由江南造船厂开始建造，于2019年7月交付使用。在建造过程中，工程师将8 736份设计图纸完全交付电脑，经过电脑的精密计算，在船体分解为114分段基础上构建了这般排水量近1.4万吨的巨轮。

雪龙2号船长122.5米，型宽22.32米，吃水7.85米，排水量13 996吨，航速12至15节。船上可搭载科考人员和船员共90人，续航力为2万

雪龙 2 号俯瞰图

海里，自持力在额定人员编制情况下可达60天。该船装备国际先进的海洋调查和观测设备，能在极地冰区海洋开展物理海洋、海洋化学、生物多样性调查等科学考察。

2019年10月15日，雪龙2号从深圳出发奔赴南极，开启首航并执行国家第36次南极科考任务。这也是雪龙2号的南极科考首航。

2019年10月24日，雪龙2号首次穿越赤道进入南半球；同年11月4日抵达澳大利亚霍巴特港；11月20日，雪龙2号进行了首次陆缘冰破冰作业，抵达中国中山站附近海域；11月23日，雪龙2号完成了中山站附近的航道破冰，协助雪龙号抵达中山站的预定卸货点；12月3日，雪龙2号完成任务后，启程前往了位于南太平洋的宇航员海进行大洋科考。而后又协助雪龙号完成中山站卸货等任务，一度出现“二龙战冰”的场景。

2020年1月10日，雪龙2号完成宇航员海综合科考后，从宇航员海的密集浮冰区出发，向北穿越西风带，前往南非开普敦进行人员轮换与物资补给，随后奔赴南极长城站；同年4月22日，雪龙号和雪龙2号科考船圆满完成了历时183天的第36次南极科考任务，返回上海外高桥中国极地考察基地码头。

在第36次南极科考任务中，考察队使用雪龙2号装备的22米长活塞取样器，在极地获取了18.36米长的海底沉积物样品，这是我国首次在南大洋取得这样长的沉积物样品。

作为科考船，雪龙2号不仅设置了许多专业实验室，还配备了许多高科技设备：自动定位系统可实现长时间原位采样和测量；月池系统由主甲板垂直通向海底，使船在大面积浮冰区进行作业成为可能。

截至2022年5月，雪龙2号还参与了中国第11、12次北极科学考察，第37、38次南极科学考察。雪龙2号带来了中国极地考察现场保障和技术支撑能力的新突破。雪龙号与雪龙2号相互配合，形成双船作业模式，极大提高了极地科学考察效率。

北京大兴国际机场

北京大兴国际机场与首都国际机场形成的“双枢纽”将会更好地服务于京津冀协同发展，
为雄安新区建设提供运输服务支撑，
并直接助力国家“一带一路”建设。

北京大兴国际机场俯瞰图

北京大兴国际机场（Beijing Daxing International Airport），位于北京市大兴区榆垡镇、礼贤镇和河北省廊坊市广阳区之间，北距天安门约46千米、北距北京首都国际机场67千米、南距雄安新区55千米、西距北京南郊机场约640米（围场距离），为4F级国际机场、世界级航空枢纽、国家发展新动力源。

2014年7月24日，国务院常务会议通过北京新机场可行性研究报告；9月4日，习近平总书记主持中共中央政治局常委会议，审议通过北京新机场可行性研究报告；12月15日，国家发展改革委员会批复同意建设北京新机场项目，总投资799.8亿元，机场场址确定为北京市大兴区与河北省廊坊市广阳区交界处，涵盖大兴区榆垡镇和礼贤镇以及廊坊市广阳区团城村东；12月26日，北京新机场正式开工建设。

2015年5月23日，民航局、北京市、河北省联合评审通过北京新机场总体规划方案；9月26日，航站楼核心区开工建设，航站区建设全面启动。

2019年9月25日，北京大兴国际机场正式通航，中共中央总书记、国家主席、中央军委主席习近平出席仪式，并宣布北京大兴国际机场正式投运。

北京大兴国际机场航站楼面积为78万平方米，由法国ADP Ingenierie建筑事务所和扎哈·哈迪德（Zaha Hadid）工作室设计。航站楼形如展翅的凤凰，是五指廊的造型。其造型以旅客为中心，旅客可以从航站楼中心步行到达整个航站楼79个登机口中的任何一个登机口，所需的时间不超过8分钟。航站楼头顶圆形玻璃穹顶直径有80米，周围分布着8个巨大的C形柱，撑起整个航站楼的楼顶。C形柱周围有很多气泡窗，主要用来采光。航站楼可抵抗12级台风。

航站楼按照节能环保理念，已建设成为中国国内新的标志性建筑。航站楼设计高度50米，采取屋顶自然采光和自然通风设计，同时实施照明、空调分时控制，采用地热能源、绿色建材等绿色节能技术和现代信息技术。

机场民航站坪设223个机位，其中76个近机位、147个远机位；有4条运行跑

轴

道，东一、北一和西一跑道宽60米，分别长3 400米、3 800米和3 800米，西二跑道长3 800米，宽45米，另有3 800米长的第五跑道为军用跑道；可满足2025年旅客吞吐量7 200万人次、货邮吞吐量200万吨、飞机起降量62万架次的使用需求。

2020年，北京大兴国际机场共完成旅客吞吐量1 609.144 9万人次，同比增长413.3%，全国排名第17位；货邮吞吐量77 252.9吨，同比增长949.3%，全国排名第35位；飞机起降133 114架次，同比增长532.4%，全国排名第18位。

北京大兴国际机场定位为大型国际航空枢纽、国家发展新的动力源、支撑雄安新区建设的京津冀区域综合交通枢纽，规划了7条跑道、2座航站楼、1座卫星厅，航空货站区面积达80万平方米；北京大兴国际机场口岸申报进口肉类、食用水生动物、冰鲜产品、水果、植物种苗及伴侣动物等6类指定查验场所；预计它在2025年和2040年分别实现旅客吞吐量7 200万人次、1亿人次的建设投运目标；它将与北京首都国际机场形成协调发展、适度竞争、具有国际竞争力的"双枢纽"机场格局，推动京津冀机场群建设成为世界级机场群；它远期旅客吞吐量1亿人次，货邮吞吐量400万吨，飞机起降88万架次。

北京大兴国际机场能够在不到5年的时间里完成了预定的建设任务，顺利投入运营，充分体现了中国工程建筑的雄厚实力，充分体现了中国精神和中国力量，充分体现了中国共产党领导和我国社会主义制度能够集中力量办大事的政治优势。

5G商用

5G作为一种新型移动通信网络技术，
将为万物互联提供技术可能。

5G即第五代移动通信技术（5th Generation Mobile Communication Technology），指具有高速率、低时延和大连接特点的新一代宽带移动通信技术，能够实现人机物互联的网络基础设施。

国际电信联盟（ITU）定义了5G八大关键性能指标，其中高速率、低时延、大连接成为5G最突出的特征。此外还有用户体验速率达1Gbps，时延低至1毫秒，用户连接能力为每平方千米连接用户数达100万。同时，定义了5G的三大类应用场景，即增强移动宽带（eMBB）、超高可靠低时延通信（uRLLC）和海量机器类通信（mMTC）。增强移动宽带主要面向移动互联网流量爆炸式增长，为移动互联网用户提供更加极致的应用体验；超高可靠低时延通信主要面向工业控制、远程医疗、自动驾驶等对时延和可靠性具有极高要求的垂直行业应用需求；海量机器类通信主要面向智慧城市、智能家居、环境监测等以传感和数据采集为目标的应用需求。

5G采用全新的服务化架构，支持灵活部署和差异化业务场景。5G采用全服务化设计，模块化网络功能，支持按需调用，实现功能重构；采用服务化描述，易于实现能力开放，有利于引入IT开发实力，发挥网络潜力。5G支持灵活部署，基于NFV/SDN，实现硬件和软件解耦，实现控制和

5G

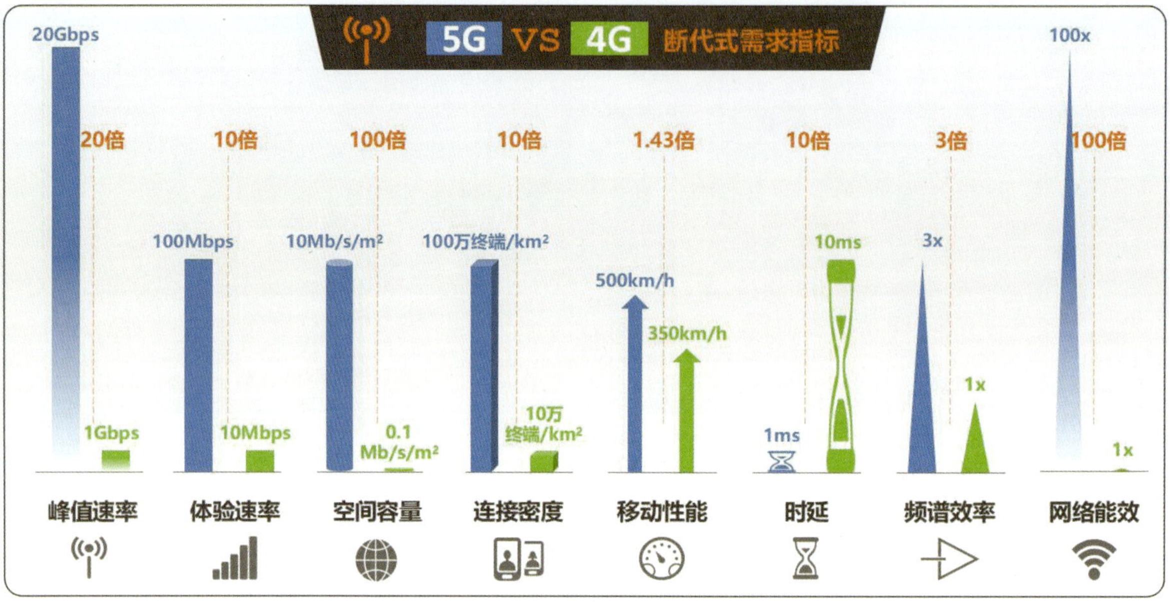

转发分离；采用通用数据中心的云化组网，网络功能部署灵活，资源调度高效；支持边缘计算，云计算平台下沉到网络边缘，支持基于应用的网关灵活选择和边缘分流。通过网络切片满足5G差异化需求，网络切片指从一个网络中选取特定的特性和功能，定制出的一个逻辑上独立的网络，它使得运营商可以部署功能、特性服务各不相同的多个逻辑网络，分别为各自的目标用户服务。目前，定义了3种网络切片类型，即增强移动宽带、低时延高可靠、大连接物联网。

5G作为一种新型移动通信网络，不仅要解决人与人通信，为用户提供增强现实、虚拟现实、超高清(3D)视频等更加身临其境的极致业务体验，更要解决人与物、物与物通信问题，满足移动医疗、车联网、智能家居、工业控制、环境监测等物联网应用需求。

5G商用指第五代移动通信技术用于商业用途。2019年6月6日，工业和信息化部正式向中国电信、中国移动、中国联通、中国广电发放5G商用牌照。2019年10

月31日，中国三大运营商公布5G商用套餐，并于11月1日正式上线5G商用套餐，标志着中国正式进入5G商用时代。2020年4月8日，三大运营商联合举行线上发布会，共同发布《5G消息白皮书》。中国移动聚焦50个场景，为5G个人客户打造全场景沉浸式新看法、新听法、新玩法、新拍法、新用法等“5新”业务体验。中国电信推出云VR/AR、云游戏、超高清视频、云电脑等5G特色应用。中国联通5G套餐用户还享有专属会员权益，如VR、4K超清、AR、视频彩铃等5G视频会员特权，沃阅读、沃音乐等音乐和阅读特权、优惠购折扣特权等。

2021年7月12日，工业和信息化部、中共中央网络安全和信息化委员会办公室、国家发展和改革委员会等十部门联合印发《5G应用“扬帆”行动计划（2021—2023年）》，提出到2023年我国5G应用发展水平显著提升，综合实力持续增强。要实现5G在大型工业企业渗透率超过35%；每个重点行业5G示范应用标杆数超过100个；

5G

5G物联网终端用户数年均增长率超过200%三大指标。大力推动5G全面协同发展，深入推进5G赋能千行百业，促进形成“需求牵引供给，供给创造需求”的高水平发展模式，驱动生产方式、生活方式和治理方式升级，推动5G应用“扬帆远航”局面逐步形成。截至2022年8月，我国累计建成5G基站达185.4万个，终端用户超4.5亿户均占全球60%以上，是全球规模最大、技术最先进的5G独立组网网络。全国所有地级市城区、超过97%的县城城区和40%的乡镇镇区实现5G网络覆盖。

5G应用领域颇广，例如，在工业领域，以5G为代表的新一代信息通信技术与工业经济深度融合，为工业乃至产业数字化、网络化、智能化发展提供了新的实现途径。5G在工业领域应用涉及研发设计、生产制造、运营管理以及产品服务四大环节、16类应用场景，如AR/VR远程协同设计、AGV物流、自动驾驶、环境信息采集等。在教育领域，5G凭借低时延、高速率特性，结合AR/VR/全息影像等技术，可实现实时传输影响信息，并结合大数据和人工智能技术为教学等提供全面服务。在医疗领域，5G通过赋能现有智慧医疗服务体系，提升远程医疗、应急救护等的能力和效率，并催生5G+远程超声检查、重症监护等新型应用场景。

从微观角度来看，5G已是我们身边不可或缺的技术，譬如，个人智能手机的移动通信，我们也切切实实感受到了5G给生活带来的极大便利。

2021年12月14日，中国工程院发布“2021年度全球十大工程成就”，第五代移动通信技术（5G）入选。

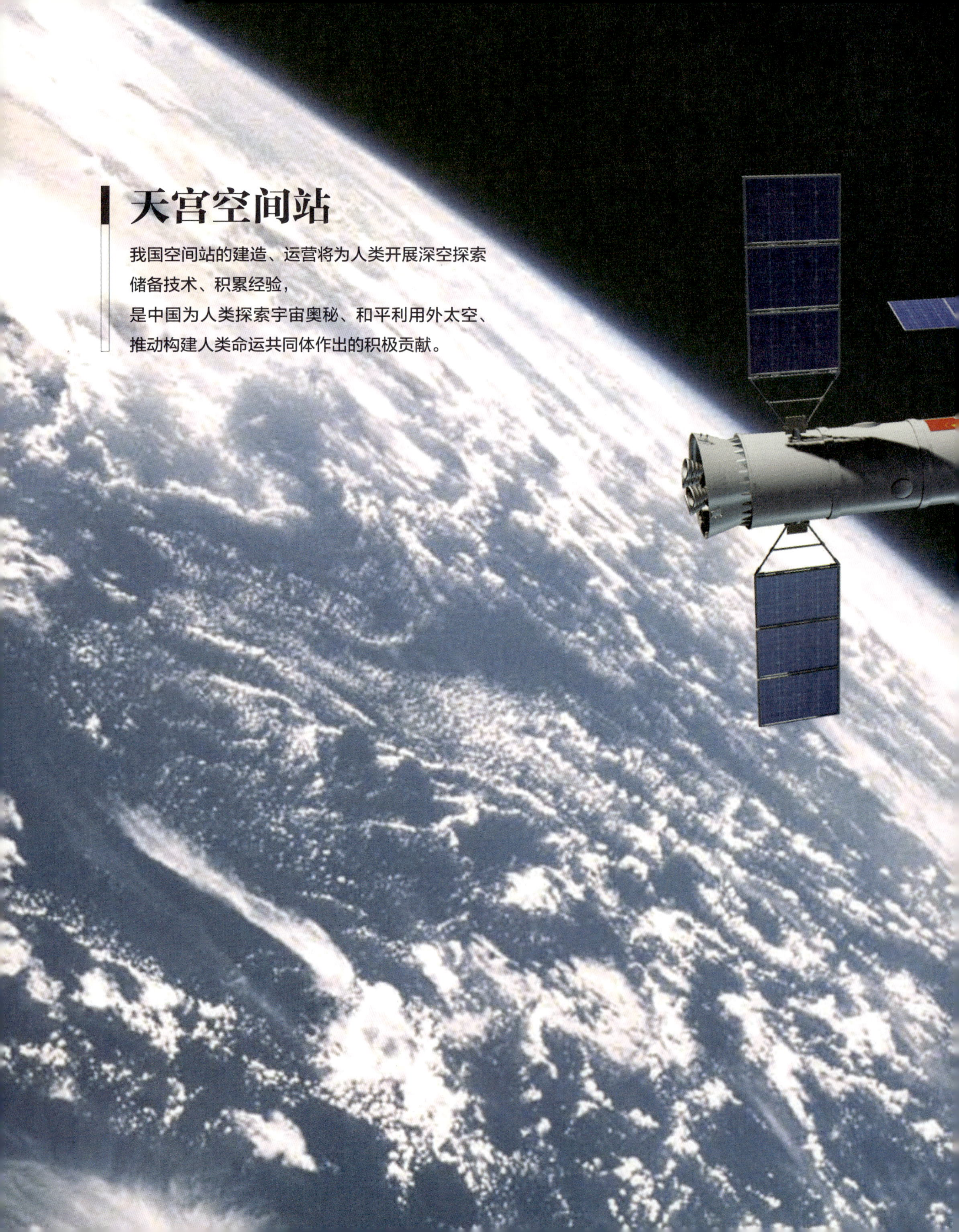

天宫空间站

我国空间站的建造、运营将为人类开展深空探索
储备技术、积累经验，
是中国为人类探索宇宙奥秘、和平利用外太空、
推动构建人类命运共同体作出的积极贡献。

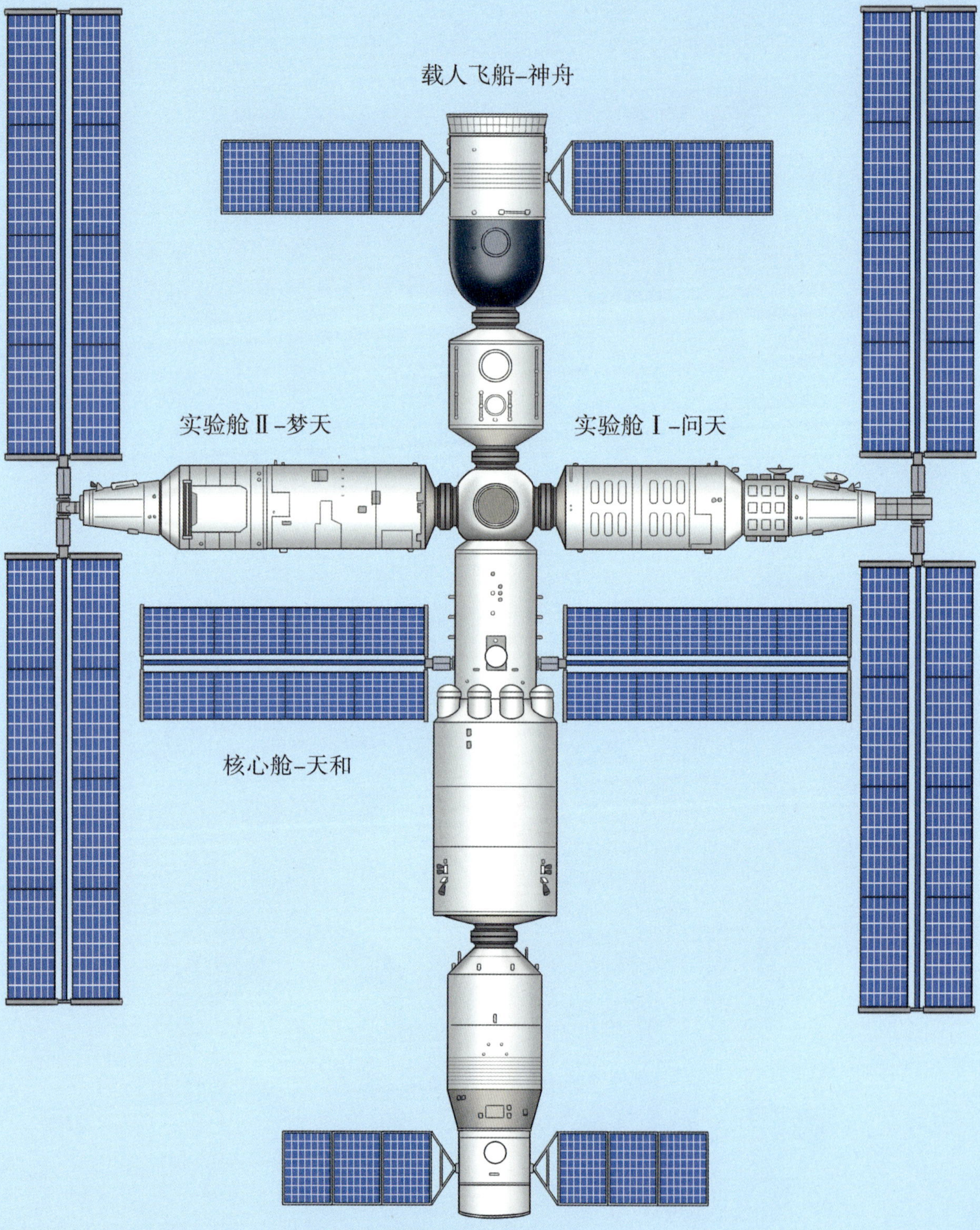

天宫空间站示意图

天宫空间站是1992年我国载人航天工程“三步走”发展战略中的重要目标，是战略的第三步。这个阶段我国要将掌握近地轨道空间组装、近地轨道长时间有人驻留等技术。

空间站工程将继续使用已有的神舟飞船、长征2F火箭、发射场和着陆场。大型空间站的舱室由长征五号运载火箭发射，核心舱和两个实验舱都是密封加压舱，每个规模20多吨。基本构型为“T”字构型，核心舱（天和）居中，实验舱Ⅰ（问天）和实验舱Ⅱ（梦天）分别连接于两侧。核心舱前端设两个对接口，接纳载人太空飞船对接和停靠；后端设后向对接口，用于货运飞船停靠补给。站上设气闸舱用于航天员出舱，配置机械臂用于辅助对接、补给、出舱和科学实验。

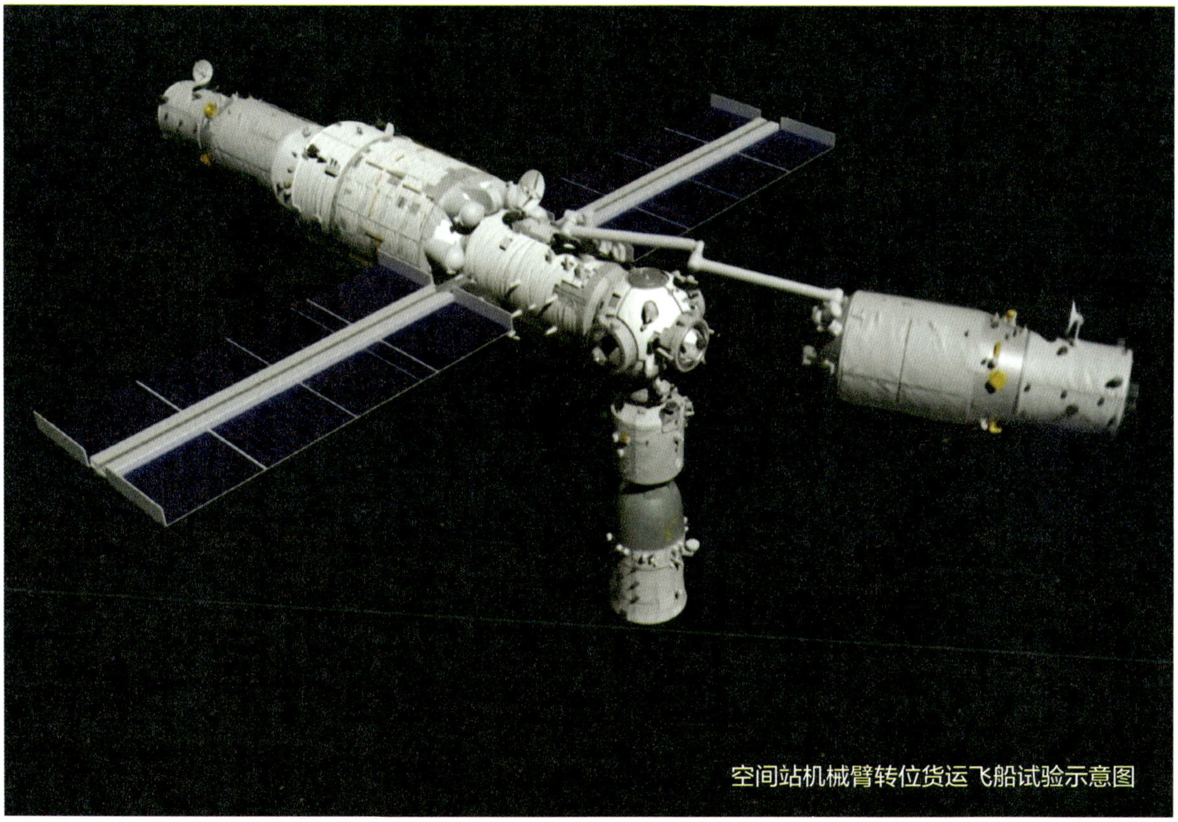
空间站机械臂转位货运飞船试验示意图

天宫空间站拟按长期载3人状态设计，运营阶段每半年由载人飞船实施人员轮换，而初期将采用人员间断访问方式。载人空间站建成后，将成为中国空间科学和新技术研究实验的重要基地，在轨运营10年以上。

按照空间站建造任务规划，2021年和2022年我国接续实施11次飞行任务，包括3次空间站舱段发射，4次货运飞船（天舟）以及4次载人飞船（神舟）发射，于2022年完成空间站在轨建造，实现我国载人航天工程“三步走”发展战略中第三步的任务目标。

2020年5月5日，为我国载人空间站工程研制的长征五号B运载火箭在海南文昌首飞成功，正式拉开我国载人航天工程第三步任务的序幕。

2021年5月，空间站天和核心舱完成在轨测试验证。5月29日晚，我国在海南文昌航天发射场准时点火发射天舟二号货运飞船。这是空间站货物运输系统的第一次应用性飞行。

2021年6月17日，搭载神舟十二号载人飞船的长征二号F遥十二运载火箭，在酒泉卫星发射中心点火发射。神舟十二号载人飞船进入预定轨道，顺利将聂海胜、刘伯明、汤洪波3名航天员送入太空，采用自主快速交会对接模式成功对接于天和核心舱前向端口，与此前已对接的天舟二号货运飞船一起构成三舱（船）组合体，首次实现天和核心舱与载人飞船进行的交会对接，标志着中国人首次进入自己的空间站。

2021年7月4日，神舟十二号航天员进行中国空间站首次出舱活动。9月16日，神舟十二号载人飞船撤离空间站组合体。9月17日，神舟十二号载人飞船返回舱反推发动机成功点火后，安全降落在东风着陆场预定区域。

2021年9月20日15时，长征七号遥四运载火箭搭载天舟三号货运飞船，在海南文昌航天发射场成功发射。

宇航员进行舱外活动（2022年9月1日）

天和全景摄像机c

天和看天舟

2021年10月16日0时23分，搭载神舟十三号载人飞船的长征二号F遥十三运载火箭，在酒泉卫星发射中心按照预定时间精准点火发射，约582秒后，神舟十三号载人飞船与火箭成功分离，进入预定轨道，顺利将翟志刚、王亚平、叶光富3名航天员送入太空，飞行乘组状态良好，发射取得圆满成功。

2021年10月16日6时56分，神舟十三号采用自主快速交会对接模式成功对接于天和核心舱径向端口，与此前已对接的天舟二号、天舟三号货运飞船一起构成四舱（船）组合体，整个交会对接过程历时约6.5小时。随后，3名航天员从神舟十三号载人飞船顺利进驻天和核心舱。

2022年5月10日，天舟四号货运飞船采用自主快速交会对接模式，成功对接空间站天和核心舱后向端口。6月5日，神舟十四号与空间组合体成功对接，航天员陈东、刘洋、蔡旭哲依次进入天和核心舱。

建设和运营空间站是衡量一个国家经济、科技和综合国力的重要标志。在近地轨道建造和运营空间站，可以长期开展有人参与的、大规模的空间科学实验和技术试验，能够极大地促进空间科学、生命科学等空间技术发展，辐射带动相关领域技术创新。

中国空间站的建造、运营将为人类开展深空探索储备技术、积累经验，是我国为人类探索宇宙奥秘、和平利用外太空、推动构建人类命运共同体作出的积极贡献。

1 空间站核心舱外景
2 天舟二号货运飞船撤离空间站核心舱组合体

CNSA
中国行星探测
Mars

天问一号火星探测器

天问一号能一次性完成“绕、落、巡”三大任务，
创造新的历史纪录。

我国行星探测工程被命名为“天问”系列。天问一号是我国自主研发的火星探测器，负责执行中国第一次自主火星探测任务。

2011年11月9日，我国研制的首个火星探测器萤火一号同俄罗斯福布斯-土壤号探测器于哈萨克斯坦境内的拜科努尔发射场搭乘俄运载火箭发射升空。然而由于搭载的俄罗斯福布斯-土壤火星探测器出现故障，萤火一号未能进入预定轨道，任务宣告失败。

天问一号火星探测任务发射轨迹模拟示意图

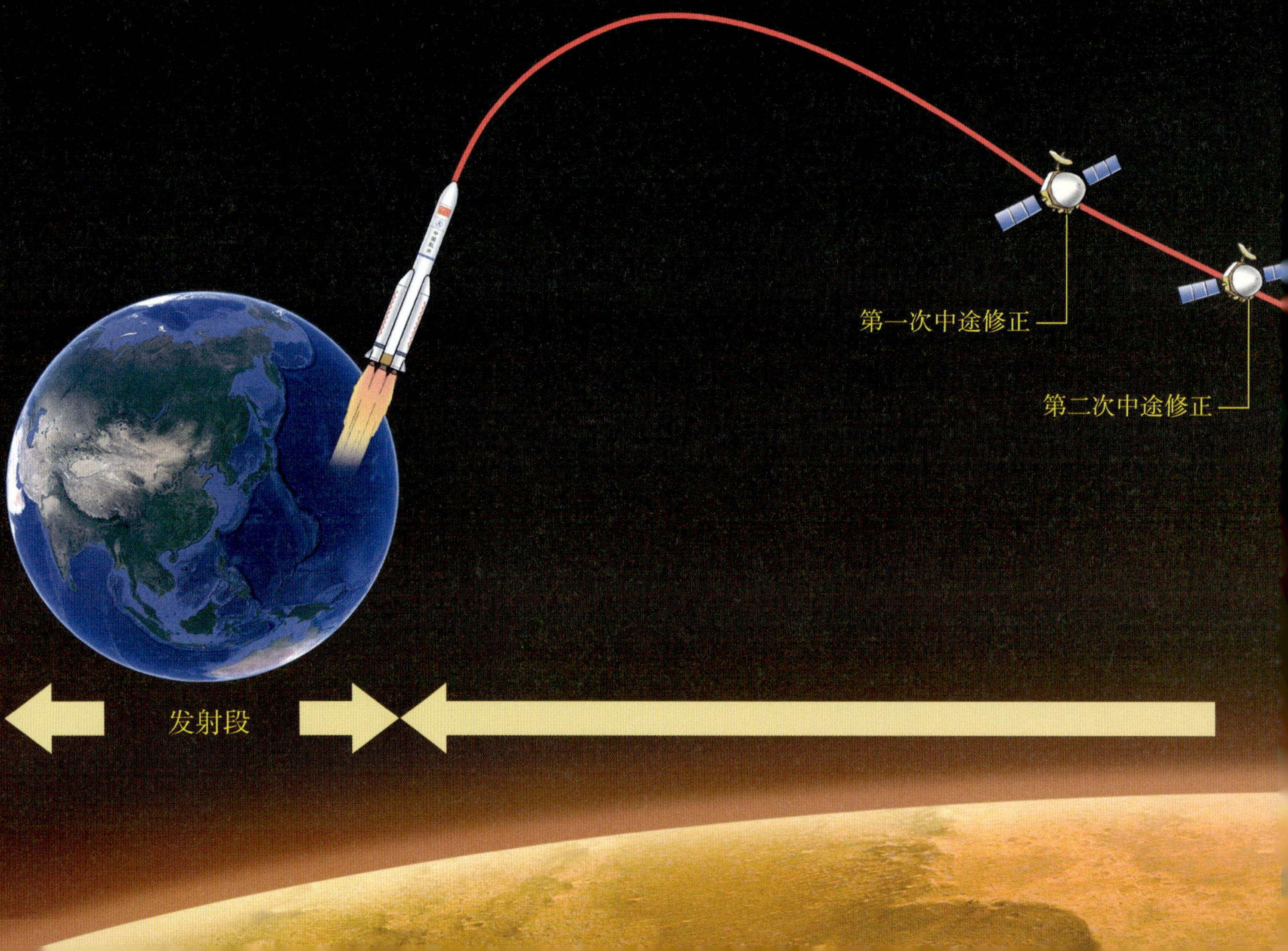

《2016中国的航天》白皮书明确提出,实施中国首次火星探测任务，突破火星环绕、着陆、巡视探测等关键技术。2016年1月，我国自主火星探测任务获得国家批准立项。任务目标是通过一次发射实现火星环绕、着陆和巡视探测，获取火星数据探测科学数据，将迈出我国行星探测的第一步。

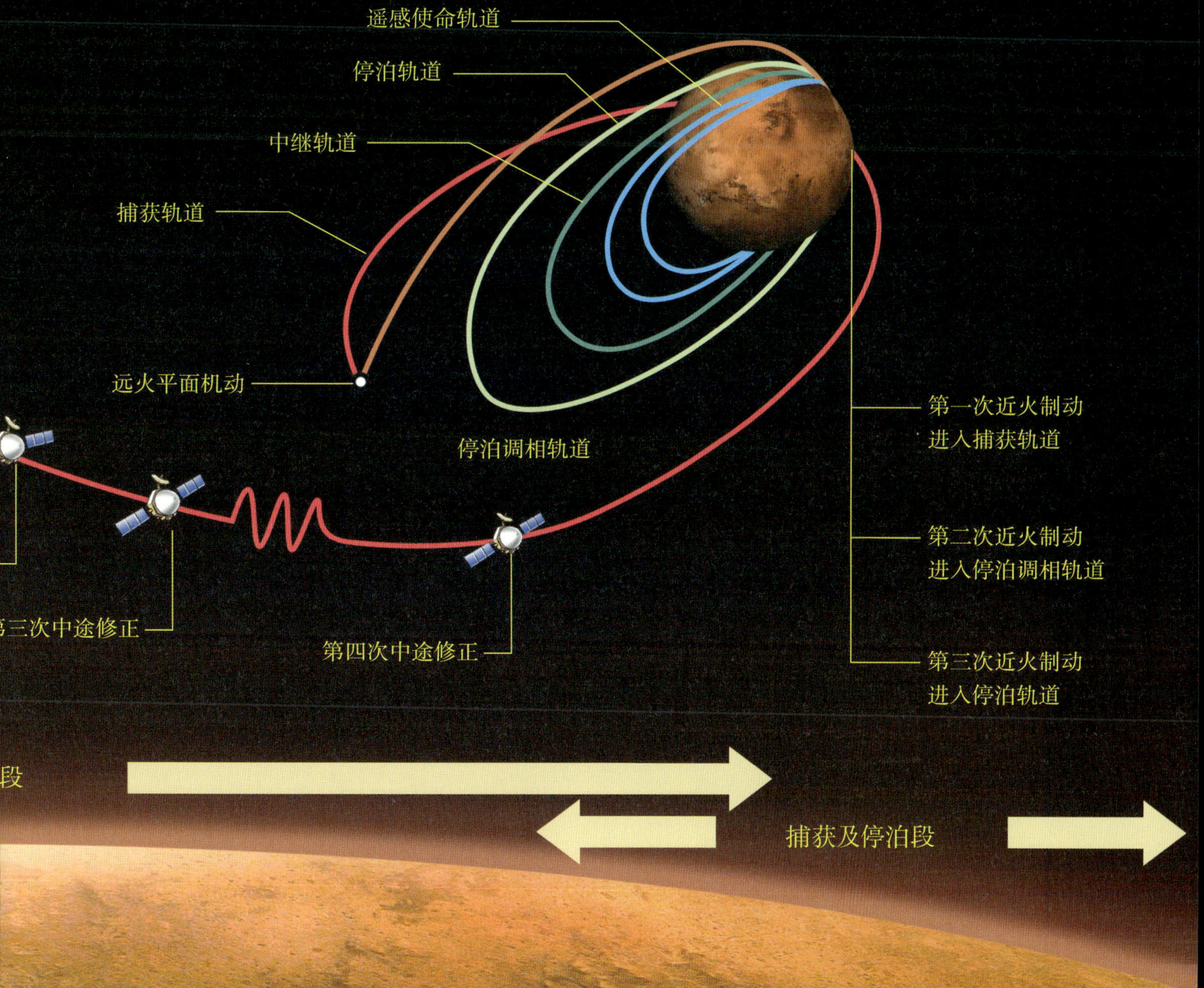

天问一号火星探测任务离轨着陆段模拟示意图

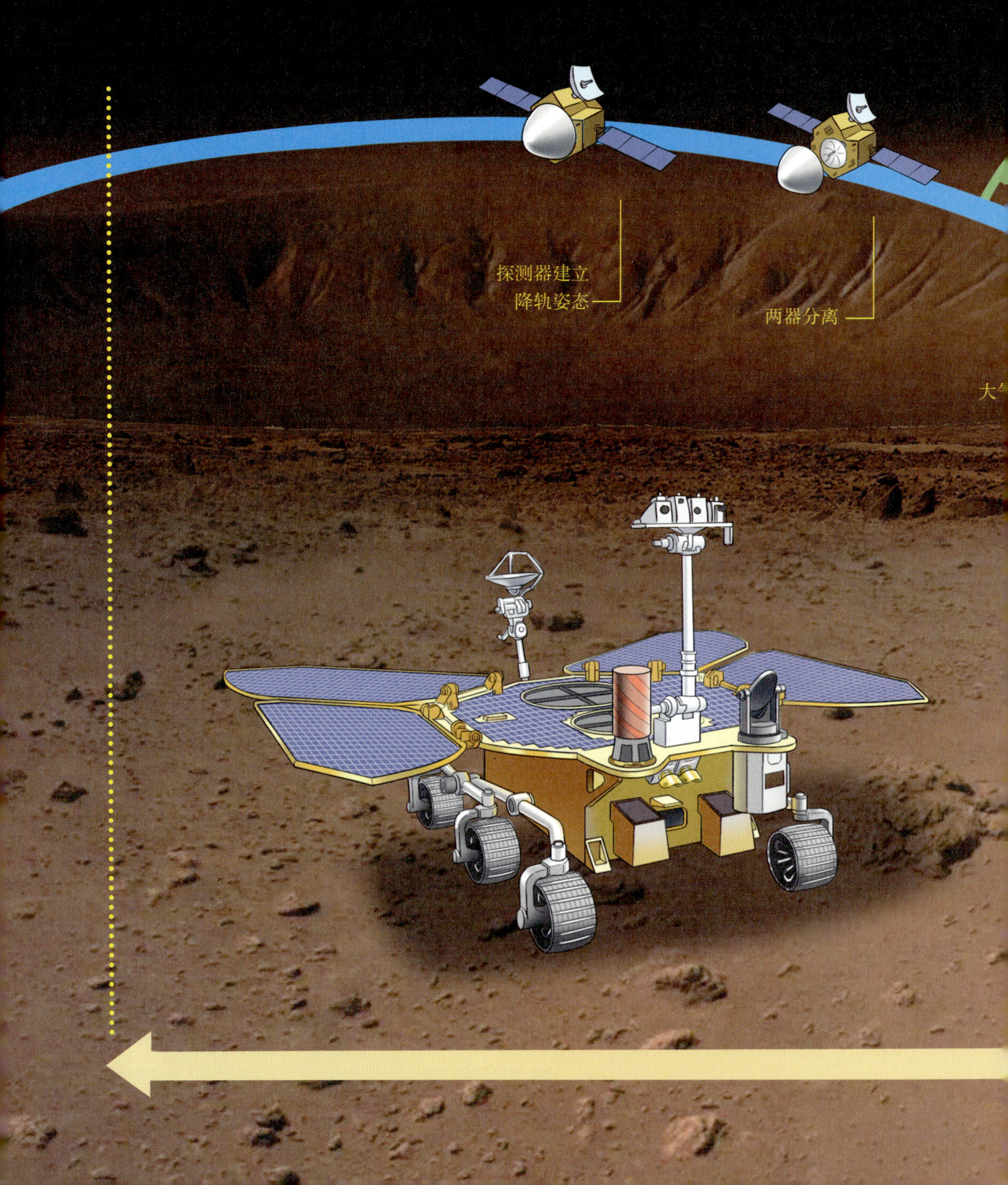

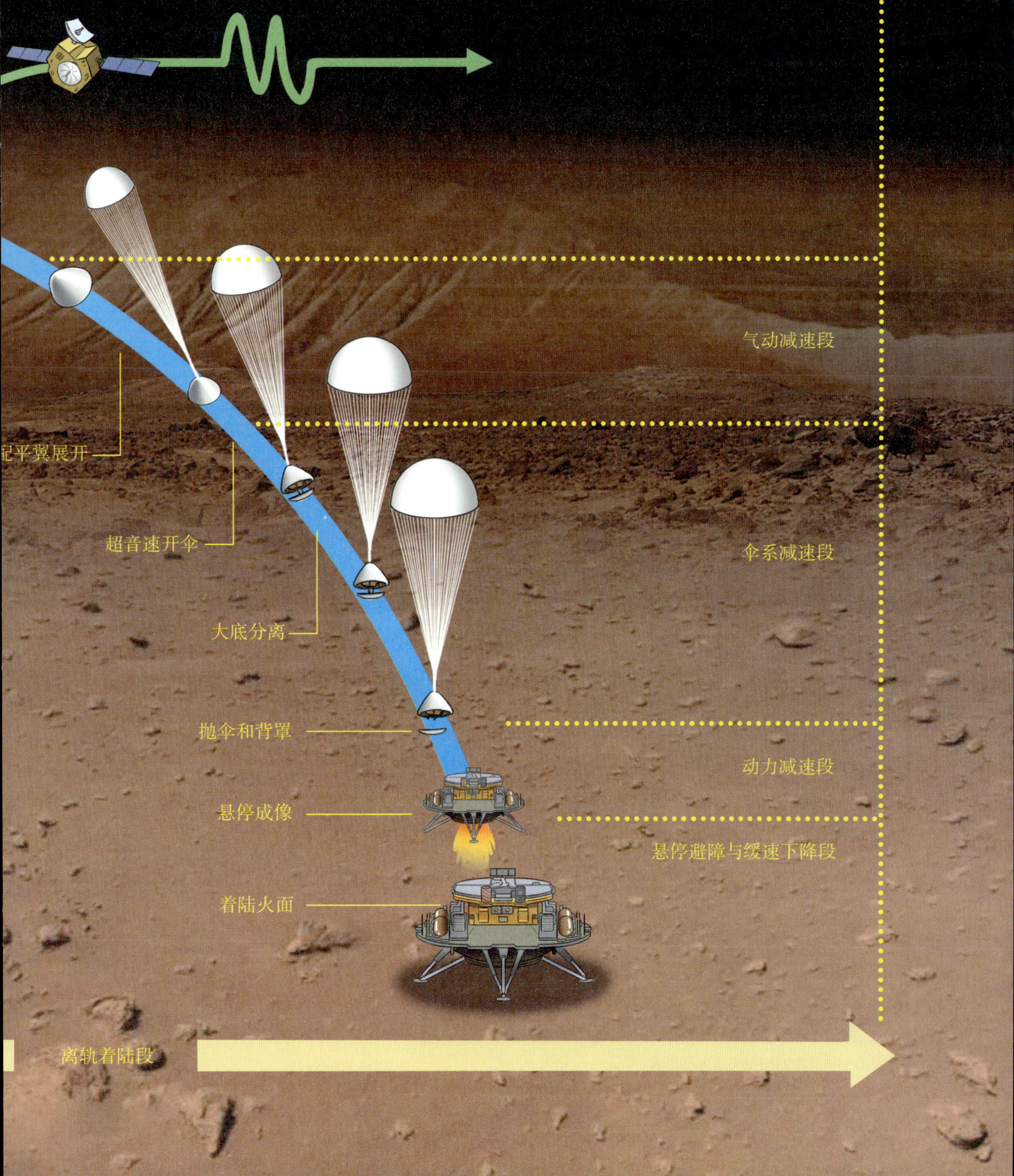
气动减速段
配平翼展开
超音速开伞
伞系减速段
大底分离
抛伞和背罩
动力减速段
悬停成像
悬停避障与缓速下降段
着陆火面
离轨着陆段

天问一号探测器由环绕器、着陆器和巡视器组成，总重量达到5吨左右。其中，环绕探测是火星探测的主要方式之一，也是行星探测开始阶段的首选方式。

环绕器要完成的主要科学探测任务包括五大方面：火星大气电离层分析及行星际环境探测；火星表面和地下水冰的探测；火星土壤类型分布和结构探测；火星地形地貌特征及其变化探测；火星表面物质成分的调查和分析。

天问一号环绕器进入环火轨道后，先开展约3个月的对地观测，特别是对预选着陆区进行详细勘测。之后，携带火星车的着陆器将与环绕器分离，利用降落伞和反推火箭在火星表面着陆，并开展为期90个火星日（一个火星日约24小时39分35.2秒）的巡视探测任务。

祝融号火星车要完成的科学探测任务有火星巡视区形貌和地质构造探测，火星巡视区土壤结构（剖面）探测和水冰探查，火星巡视区表面元素、矿物和岩石类型探查，以及火星巡视区大气物理特征与表面环境探测。

2020年7月23日12时41分，由长征五号遥四运载火箭承载的天问一号火星探测器在中国海南文昌航天发射场升空，飞行2 000多秒后，成功送入预定轨道。

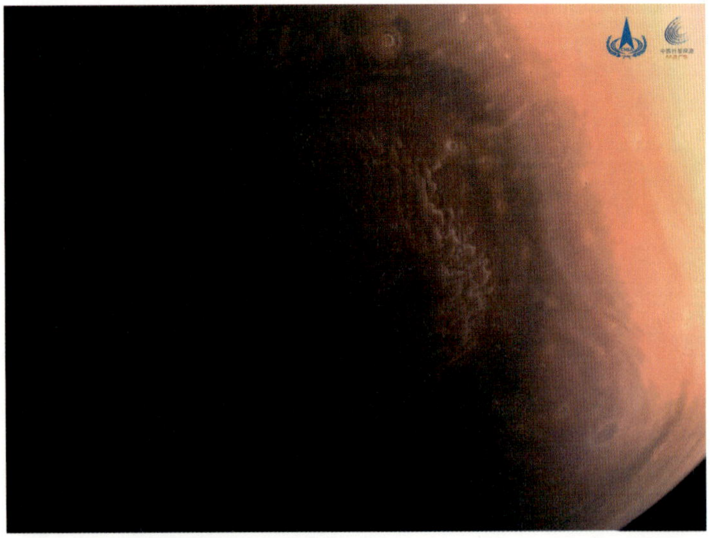

天问一号探测器拍摄高清火星影像

此次探测目的是一次实现“绕、着、巡”三步走，即对整个火星进行全球观测、成功着陆火星、火星车进行巡视勘测；目标是实现对火星的表面形貌、土壤特性、物质成分、水冰、大气、电离层、磁场等进行科学探测，有利于建立起对

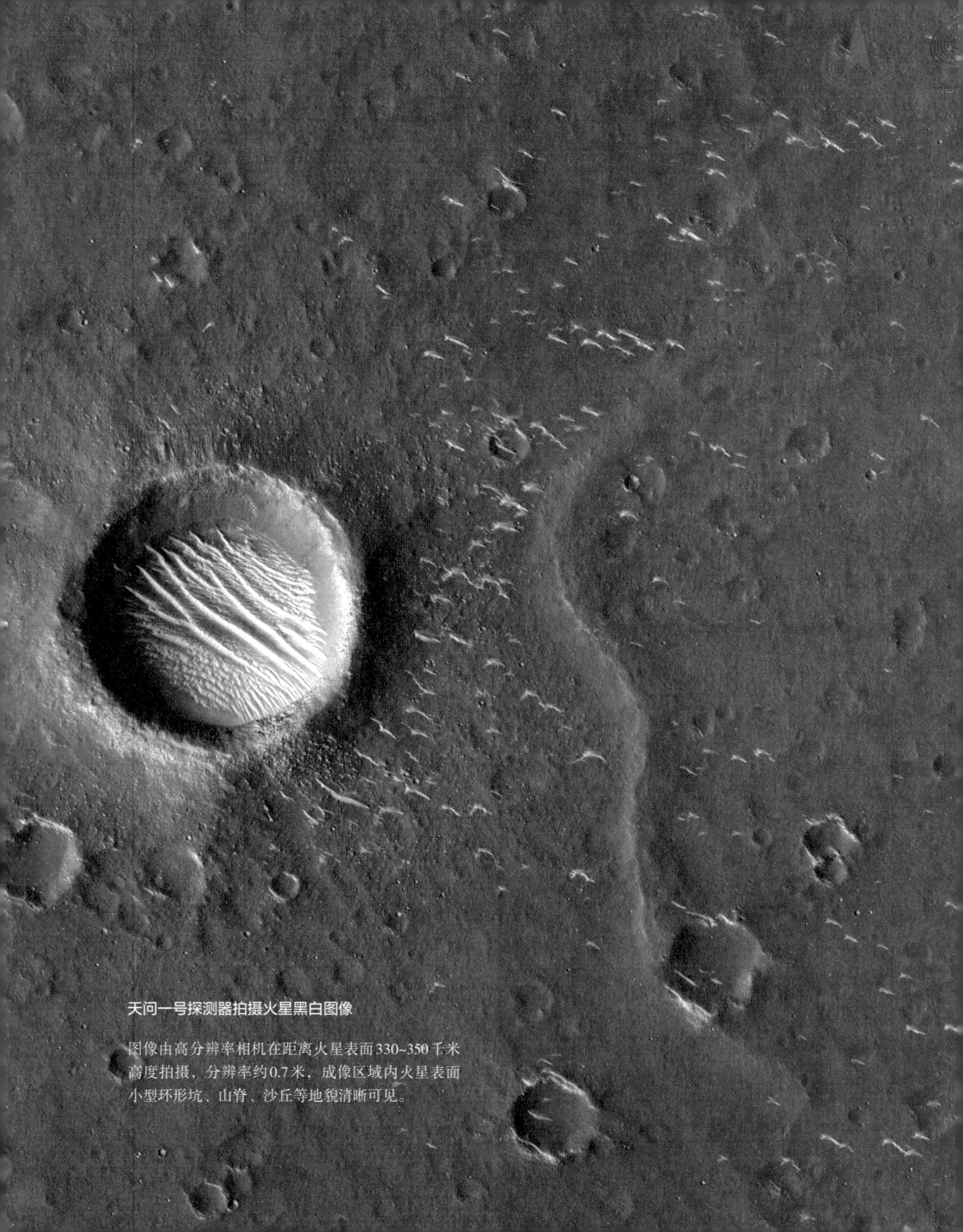

天问一号探测器拍摄火星黑白图像

图像由高分辨率相机在距离火星表面330~350千米高度拍摄，分辨率约0.7米，成像区域内火星表面小型环形坑、山脊、沙丘等地貌清晰可见。

火星全面而基础的认识。英国《自然》杂志评价称，中国天问一号能一次性完成“绕、落、巡”三大任务，创造了新的历史纪录。

2020年8月2日7时整，天问一号探测器3 000牛发动机开机工作20秒，顺利完成第一次轨道中途修正，继续飞向火星。

2020年9月20日23时，天问一号探测器4台120牛发动机同时点火工作20秒，顺利完成第二次轨道中途修正，并在轨验证了120牛发动机的实际性能。

2020年10月28日22时，天问一号探测器8台25牛发动机同时点火工作，完成第三次轨道中途修正，并在轨标定了25牛发动机的实际性能。

2021年2月5日20时，天问一号探测器发动机点火工作，完成地火转移段第四次轨道中途修正，以确保按计划实施火星捕获。

2021年2月10日19时52分，天问一号探测器成功进入火星轨道，成为我国第一颗人造火星卫星。我国首次火星探测环绕火星获得成功。2021年3月26日，国家航天局发布2幅由天问一号探测器拍摄的南、北半球火星侧身影像。图像中火星呈“月牙”状，表面纹理清晰。

2021年5月15日7时18分，天问一号着陆巡视器成功着陆于火星乌托邦平原南部预选着陆区。我国首次火星探测任务着陆火星取得圆满成功。

着陆火星难度远高于月球、金星等地外天体。火星着陆过程需要以2万千米/时减速至零，这个过程大约持续9分钟，可见其复杂、危险。我国的科研人员为此研制出一种具有突出强韧性、轻质性和吸能性的钢材，制造着陆缓冲机构用拉杆、限力杆，并通过机构优化设计为软着陆提供了重要材料支撑。

我国首次火星探测任务着陆火星成功，迈出了我国星际探测征程的重要一步，实现了从地月系列到行星际的跨越，使我国成为第二个成功着陆火星的国家，是我国航天事业发展的又一具有里程碑意义的重大进展。

祝融号火星车

祝融号火星车成功软着陆于火星表面，
我国成为世界上第二个成功软着陆于火星表面的国家。
火星探索的一小步，却是中国航天事业的一大步。

CNSA
中国行星探测
Mars

我国首辆火星车祝融号为天问一号任务火星车，取火神祝融登陆火星之意。祝融号火星车高度有185厘米，重量达到240千克左右，设计寿命为3个火星月，相当于约92个地球日。

祝融号火星车相较于国外的火星车其移动能力更强大，设计也更复杂。祝融号火星车移动系统针对火星表面松软崎岖的地貌，火星车在软沙中易发生打滑自陷、牵引力不足的问题，具有蠕动脱陷功能的主被动复合式火星车移动系统构型。它采用主动悬架，6个车轮均可独立驱动，独立转向。除前进、后退、四轮转向行驶等功能外，还具备蟹行运动能力，用于灵活避障以及大角度爬坡。更强大的功能还包括车体升降（在火星极端环境表面可以利用车体升降摆脱沉陷）、尺蠖运动（配合车体升降，在松软地形上前进或后退）和抬轮排故（遇到车轮故障的情况，通过质心位置调整及夹角与离合的配合，将故障车轮抬离地面，继续行驶）。

针对火星表面服役的复杂工况，中国科学院金属研究所自主研发了一种符合材料保证祝融号能够顺利巡视。这种由铝和陶瓷组成的新型复合材料能够满足轻量化、高耐磨性、高强度、高塑性的要求，超越了传统铝基碳化硅复合材料。

祝融号火星车前避障相机图像

这张图片由火星车前避障相机拍摄，正对火星车前进方向。图中可见坡道机构展开正常；图像上部的两个伸杆为已经展开到位的次表层雷达；前进方向地形清晰。为获知火星车前进方向更大范围的地形信息，避障相机采用大广角镜头，在广角镜头畸变的影响下，远处地平线形成一条弧线。

祝融号火星车导航相机拍摄图像

这张图由导航相机拍摄，镜头指向火星车尾部。图中可见火星车太阳翼、天线展开正常到位；火星表面纹理清晰，地貌信息丰富。

2020年7月23日12时41分祝融号随天问一号探测器由长征五号遥四运载火箭在中国文昌航天发射场发射升空。

2021年5月17日，祝融号火星车第一次通过环绕器传回遥测数据。

2021年5月19日，国家航天局发布火星探测天问一号任务探测器着陆过程两器分离和着陆后火星车拍摄的影像。图像中，着陆平台和祝融号火星车的驶离坡道，太阳翼、天线等机构展开正常到位。

2021年5月22日10时40分，祝融号火星车已安全驶离着陆平台，到达火星表面，开始巡视探测；2021年6月11日，天问一号探测器着陆火星首批科学影像图公布；2021年8月23日，祝融号火星车平安在火星度过100天，并且行驶里程突破1 000米。

截至2022年5月15日，祝融号火星车行驶里程1 921米，获得了大量宝贵的科学探测数据。譬如，根据它搭载的短波红外光谱显微成像仪和导航地形相机数据，科研人员在火星原位探测到含水矿物。

1 祝融号火星车开始巡视探测

祝融号火星车驶离着陆平台踏上火星表面，开启巡视探测之旅。火星车携带的前避障相机a/b、后避障相机a/b，拍摄了驶离着陆平台过程影像。

2 祝融号后避障相机近距离“看”降落伞与背罩

3 祝融号火星车转移坡道机构

该转移坡道机构折叠布置在着陆器顶端，它可实现前后两个方向的选择性抽展，并具有适应形貌复杂的火星表面的功能，能够确保祝融号火星车的平顺转移。

祝融号火星车搭载了6台科学载荷，包括：

（1）火星表面成分探测仪。它包括激光诱导击穿光谱仪（LIBS），短波红外光谱显微成像仪（SWIR）和微成像相机。LIBS（240~850 nm）用于元素组成分析；SWIR（850~2 400 nm）用于矿物和岩石的分析和识别；微成像相机（900~1 000 nm）可以获得探测目标的高空间分辨率图像。

（2）多光谱相机。它可获取着陆点周围的地形、地貌和地质背景信息，进行空间分析，获得岩石、土壤等可见近红外光谱数据；采集各种白天和黑夜的天空图像，以进行特定的大气、气象和天文研究。

（3）导航地形相机。它可拍摄广角图片，指导火星车的移动并寻找感兴趣的目标（岩石/土壤等）；结合环绕器上搭载的高分辨率相机，将它们拍摄到的地面图像进行比对，可以校准火星表面的真实情况；为其他科学载荷寻找感兴趣的探测目标或区域。

（4）火星车次表层探测雷达。它可以探测火星土壤的地下分层和厚度。次表层探测雷达包含两个通道，低频通道（15~95 MHz）可以穿透10~100米的深度（空间分辨率为几米）；高频通道（0.45~2.15 GHz）可以穿透3~10米的深度（空间分辨率为几厘米）。次表层探测雷达可以随火星车移动，持续收集地下雷达信号，探测地下物质的大小和分布特征，并在垂直和水平方向上约束地下分层结构，制约地下水冰和挥发物（如水合矿物质等）的分布。

（5）火星表面磁场探测仪。它可检测火星表面磁场，火星磁场指数以及火星电离层中的电流。其主要优点是可随火星车移动；与环绕器上搭载的磁强计协同观测，将对理解火星内部的演变具有极其重要的意义。

（6）火星气象测量仪。它可用于监测火星表面温度，压力，风场和声音等的时间和空间变化。在着陆之前，还可以在环火星轨道上收集温度和声音数据。

北斗卫星导航系统

北斗卫星导航系统是全球三大成熟的卫星导航系统之一，
是中国实施改革开放40余年来取得的重要成就之一，
是新中国成立70余年来重大科技成就之一，
是中国贡献给世界的全球公共服务产品。

卫星运行想象图

北斗卫星导航系统（以下简称“北斗系统”，BeiDou Navigation Satellite System，BDS）是中国根据国家安全和经济社会发展需要自行研制，为全球用户提供全天候、全天时、高精度的定位与导航和授时服务的全球卫星导航系统，是国家重要时空基础设施，也是继美国全球定位系统GPS、俄罗斯全球卫星导航系统GLONASS、欧洲伽利略卫星导航系统GALILEO之后的第四个成熟的卫星导航系统。中国北斗系统（BDS）和美国GPS、俄罗斯GLONASS、欧盟GALILEO，是联合国卫星导航委员会已认定的全球卫星导航核心系统四大供应商。

2000年，我国建成北斗一号试验系统。2012年，我国建成北斗二号区域系统为亚太地区提供服务。2019年，北斗三号核心星座部署完成。2020年，北斗三号全球系统建成并向全球提供服务。

北斗系统由空间段、地面段和用户段三部分组成。其中，空间段由若干地球静止轨道卫星（GEO）、倾斜地球同步轨道卫星（IGSO）和中圆地球轨道卫星（MEO）等组成；地面段包括主控站、时间同步/注入站和监测站等若干地面站，以及星间链路运行管理设施；用户段包括北斗兼容其他卫星导航系统的芯片、模块、天线等基础产品，以及终端产品、应用系统与应用服务等。

北斗卫星模型

北斗系统示意图

中国的北斗 世界的北斗 一流的北斗
北斗卫星导航系统
BeiDou Navigation Satellite System

北斗系统空间段三种轨道卫星，北斗人称之为“北斗三兄弟”，其中GEO卫星站得高，覆盖广，具有良好的抗遮蔽性，在城市、峡谷、山区等具有明显的应用优势；IGSO卫星是覆盖区域的中坚，抗遮蔽能力强，尤其在低纬度地区，其性能优势明显；MEO卫星小巧灵活，环绕全球运行，是实现全球服务的最优选择。我国首创这三种轨道卫星的混合星座构型，是发挥了不同轨道卫星的优势，各放异彩，各显神通，基于各自小功用，实现北斗大功用。

北斗系统的技术特点归纳起来有3点：

一是北斗系统空间段采用三种轨道卫星组成的混合星座，与其他卫星导航系统相比，高轨卫星更多，抗遮蔽能力强，尤其在低纬度地区其性能优势更为明显。

二是北斗系统提供多个频点的导航信号，能够通过多频信号组合使用等方式提高服务精度。

北斗卫星运行轨迹　（2021年12月24日2时）

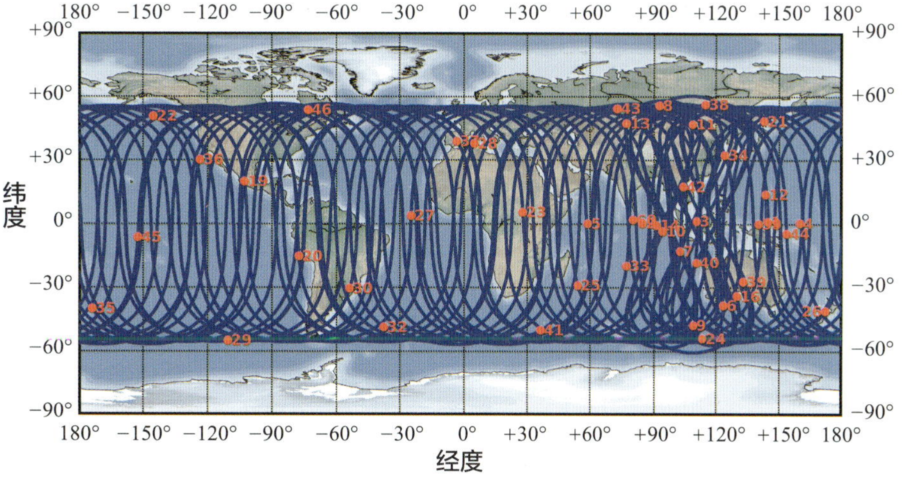

北斗导航示意图

三是北斗系统创新融合了导航与通信能力，具备定位导航授时、星基增强、地基增强、精密单点定位、短报文通信和国际搜救等多种服务能力。

通常人们会认为卫星导航系统是用来导航定位的，实际上卫星提供的是授时信息。卫星导航系统的授时精度可达纳秒级，也是当前应用最广的授时系统，这其中包括中国的北斗系统。北斗系统使用了地球同步轨道卫星，其授时误差在中国区域内变化不大，并且误差随时间变化也相对缓慢，授时稳定性在时间和空间上都很高。

北斗系统的建设目标是建立独立自主、开放兼容、技术先进、稳定可靠的覆盖全球的卫星导航系统，促进卫星导航产业链形成，建成完善的国家北斗导航应用产业支撑、推广和保障体系，推动卫星在国民经济社会各行业的广泛应用。

目前，全球范围内已经有137个国家与北斗系统签下了合作协议。北斗系统为经济社会发展提供重要的时空信息保障，提供服务以来，已在交通运输、农林渔业、水文监测、气象测报、通信授时、电力调度、救灾减灾、公共安全等领域得到广泛应用，应用的新模式、新业态、新经济不断涌现，深刻改变着人们的生产生活方式。

截至2020年，中国卫星导航与位置服务产业总体产值已突破4 000亿元。预估到2025年，中国北斗产业总产值将达到1万亿元。

北斗系统是中国实施改革开放40余年来取得的重要成就之一，是新中国成立70余年来重大科技成就之一，是中国贡献给世界的全球公共服务产品。

未来，中国将一如既往地积极推动国际交流与合作，实现与世界其他卫星导航系统的兼容与互操作，为全球用户提供更高性能、更加可靠和更加丰富的服务。

深海载人潜水器

蛟龙号、深海勇士号、奋斗者号等深海载人潜水器是我国抢占海洋开发前沿与制高点的国之重器，其水平可以体现出我国在材料、控制、海洋学等领域的综合科技实力。

载人潜水器是具有水下观察和作业能力的潜水装置。它可以完成多种复杂任务，包括通过摄像、照相对海底资源进行勘查，执行水下设备定点布放，以及开展海底电缆和管道检测等，并可以作为潜水人员水下活动的作业基地。在水下考察、海底勘探、海底开发、水下打捞和救生等领域有着广阔的应用前景。载人潜水器，特别是深海载人潜水器，是海洋开发的前沿与制高点之一，其水平可以体现出一个国家在材料、控制、海洋学等领域的综合科技实力。

我国深海载人潜水器的发展可分为三个阶段：1 000米、4 500米、7 000米到万米级。我国载人深潜已实现了由集成创新向全面自主创新的历史性跨越，具备了全海深潜水能力。

蛟龙号平面示意图

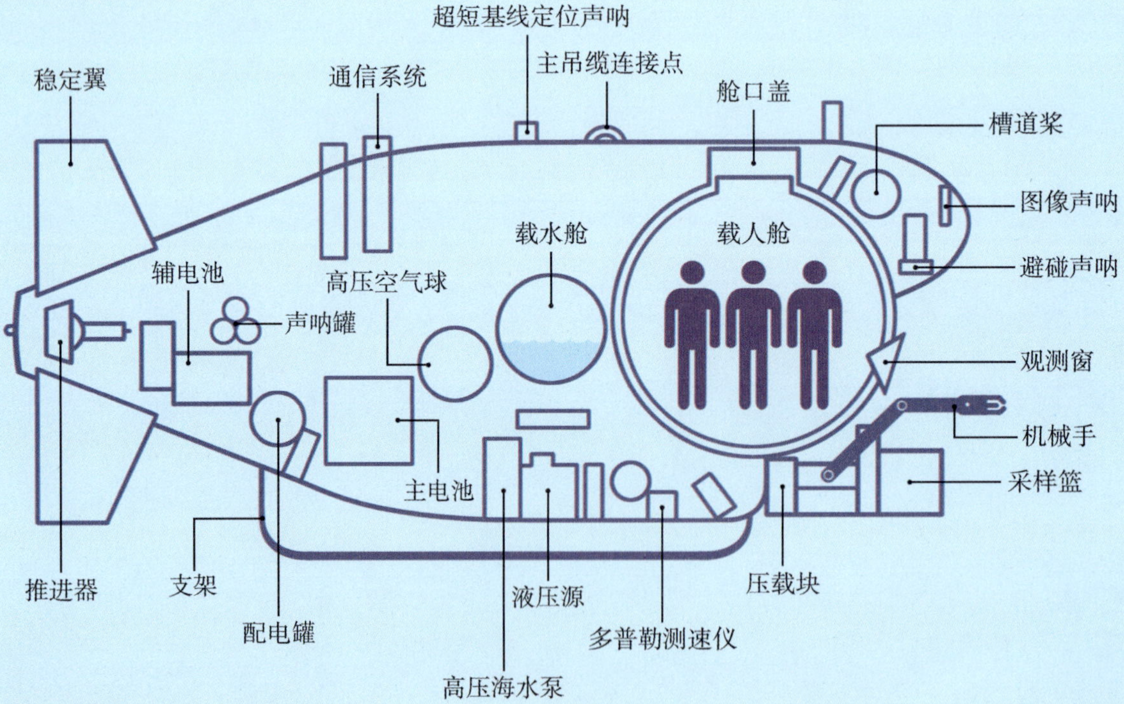

1. 蛟龙号（2002年立项）

2002年6月，科学技术部将深海载人潜水器研制列为国家高技术研究发展计划（863计划）重大专项，启动了蛟龙号的自行设计、自主集成研制工作。

2009年至2012年，蛟龙号接连取得1 000米级、3 000米级、5 000米级和7 000米级海试成功。

2012年6月，蛟龙号在马里亚纳海沟创造了下潜7 062米的中国载人深潜纪录，也是世界同类作业型潜水器最大下潜深度纪录，标志着蛟龙号集成技术的成熟，标志着我国具备了载人到达全球99%以上海洋深处进行作业的能力，标志着我国深海潜水器成为海洋科学考察的前沿与制高点之一，标志着我国海底载人科学研究和资

蛟龙号立体示意图

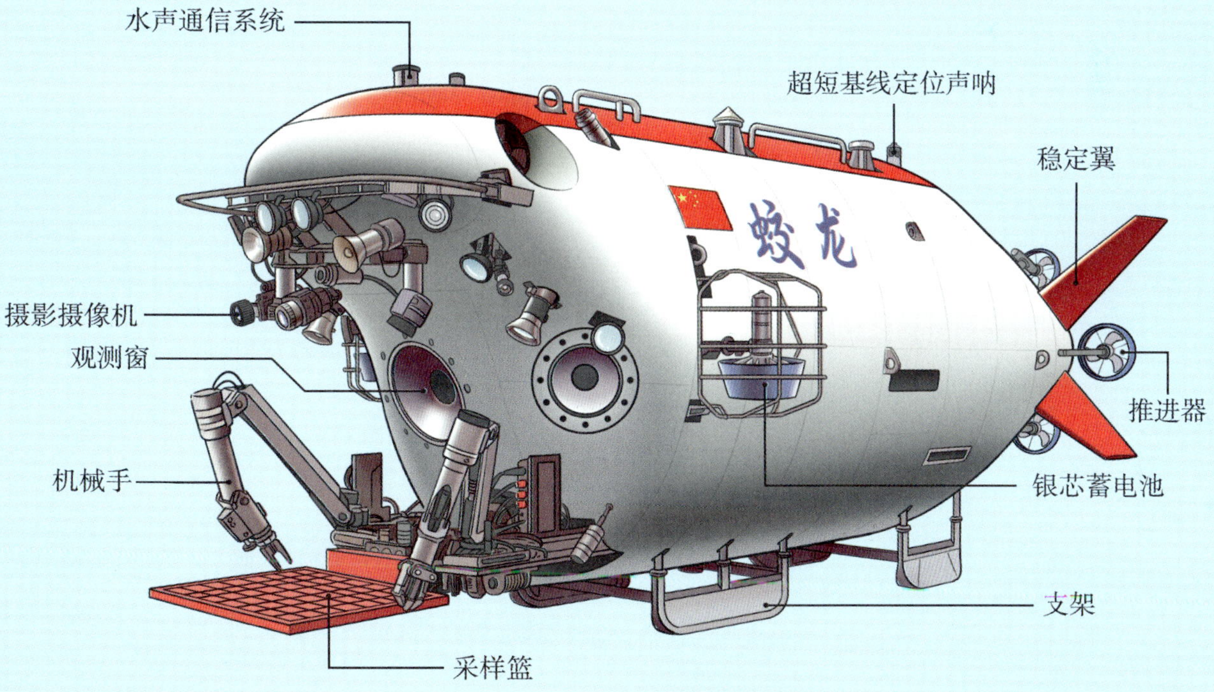

源勘探能力达到国际领先水平。

2. 深海勇士号（2009年立项）

深海勇士号是我国第二台深海载人潜水器。该潜水器取名为“深海勇士”，寓意是希望凭借它的出色发挥，像勇士一样探索深海的奥秘。2017年8月16日，深海勇士号跟随作业母船探索一号在海上进行不同深度的下潜试验。在海试的过程当中，完成了从50米到4 500米不同深度总计28次下潜。海试结果表明，深海勇士号的载人舱、推进器、海水泵等十大关键部件性能可靠。未来这将带动相关方面海洋科技装备的国产化发展，为我国全海深科考奠定坚实基础。

如果说蛟龙号是对世界先进技术和装备的自主集成，那么深海勇士号从技术到装备都实现了国产化，其关键部件国产化率达91.3%，主要部件国产化率达86.4%，实现了我国深海装备由集成创新向自主创新的历史性跨越。

3. 奋斗者号（2016年立项）

奋斗者号是我国自主研发建造的第一艘万米级全海深载人潜水器，由蛟龙号、深海勇士号的研发力量为主的科研团队承担研发任务。2020年6月19日，经过征名和评议，这一载人潜水器被正式命名为奋斗者号。

2020年10月27日，奋斗者号在马里亚纳海沟成功下潜达到10 058米，创造了我国载人深潜的新纪录。11月10日，奋斗者号在马里亚纳海沟成功坐底，坐底深度10 909米，再次刷新了我国载人深潜的新纪录。11月13日和17日，奋斗者号又再次下潜突破万米。11月19日，奋斗者号再次突破万米海深复核科考作业能力。11月28日，习近平总书记致信祝贺奋斗者号成功完成万米海试并胜利返航。

蛟龙号机械臂在南海海底放置国旗

CSIC
深海勇士
SHEN HAI YONG SHI
863
CSSC
奋斗者
FEN DOU ZHE

2021年3月16日，奋斗者号在三亚由中国船舶集团有限公司第七〇二研究所正式交付中国科学院深海科学与工程研究所管理与使用。

奋斗者号载人潜水器融合了蛟龙号及深海勇士号两台深海载人潜水器的综合技术优势，采用了安全稳定、动力强劲的能源系统，拥有了更加先进的控制系统、定位系统，以及更耐压的载人舱和浮力材料，无论在材料、控制还是技术等方面都大大升级。同时，它实现了载人舱、浮力材料、锂电池、推进器、海水泵、机械手、液压系统、声学通信、水下定位、控制软件等关键部件的国产化，其中最引人注目的是，中国科学院金属研究所钛合金团队将自主发明的Ti62A钛合金新材料应用到了奋斗者号上，为它建造了世界最大、搭载人数最多的潜水器载人舱球壳。

从蛟龙号、深海勇士号再到奋斗者号，充分体现了致力于海洋装备研发、科学考察研究的科研工作者们追求自立自强的勇气，以及他们践行的“严谨求实、团结协作、拼搏奉献、勇攀高峰”的中国载人深潜精神。

探索浩瀚太空永无

嫦娥五号月球探测器

嫦娥五号任务作为目前我国复杂度最高、技术跨度最大的航天系统工程，首次实现了我国地外天体采样返回。

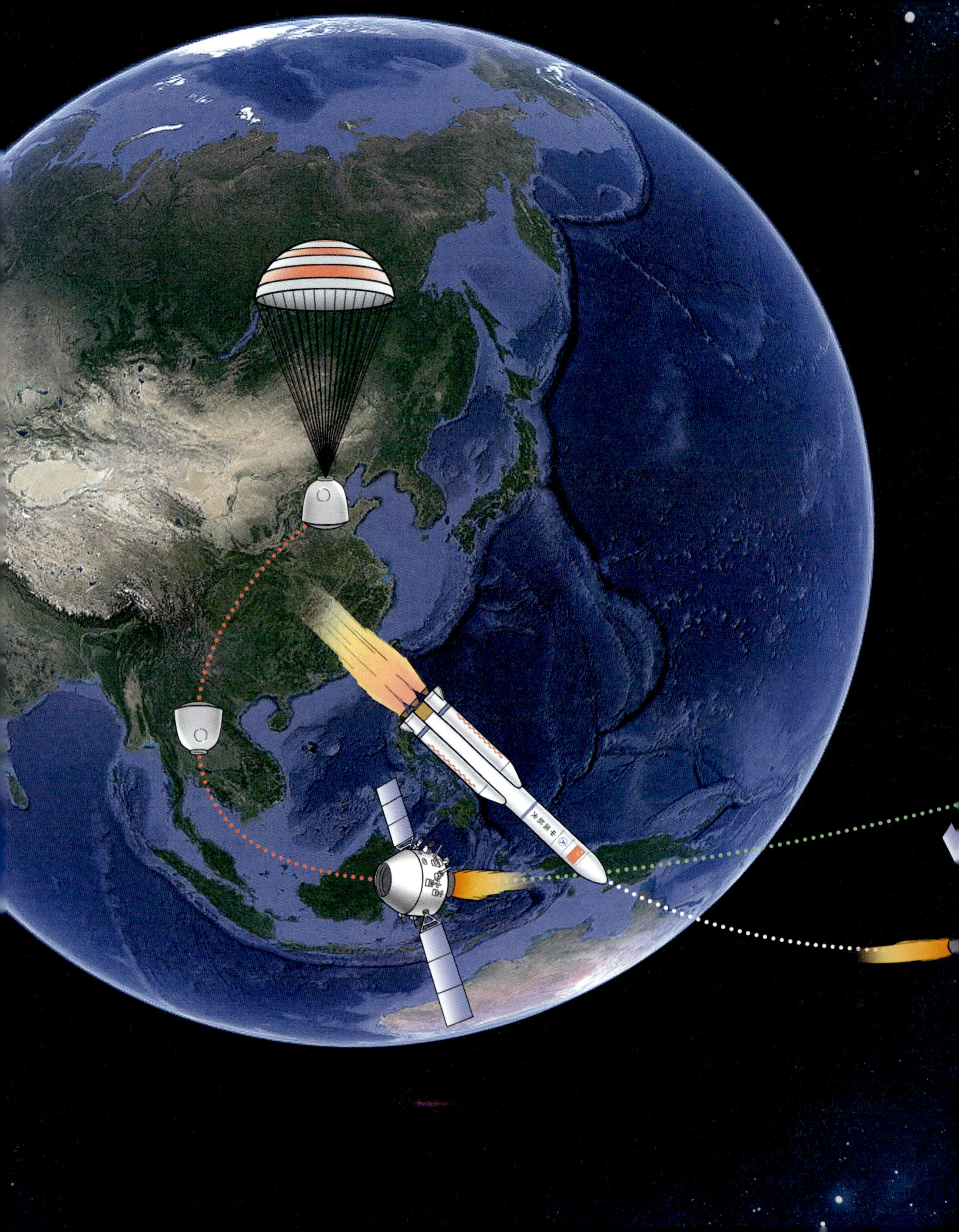

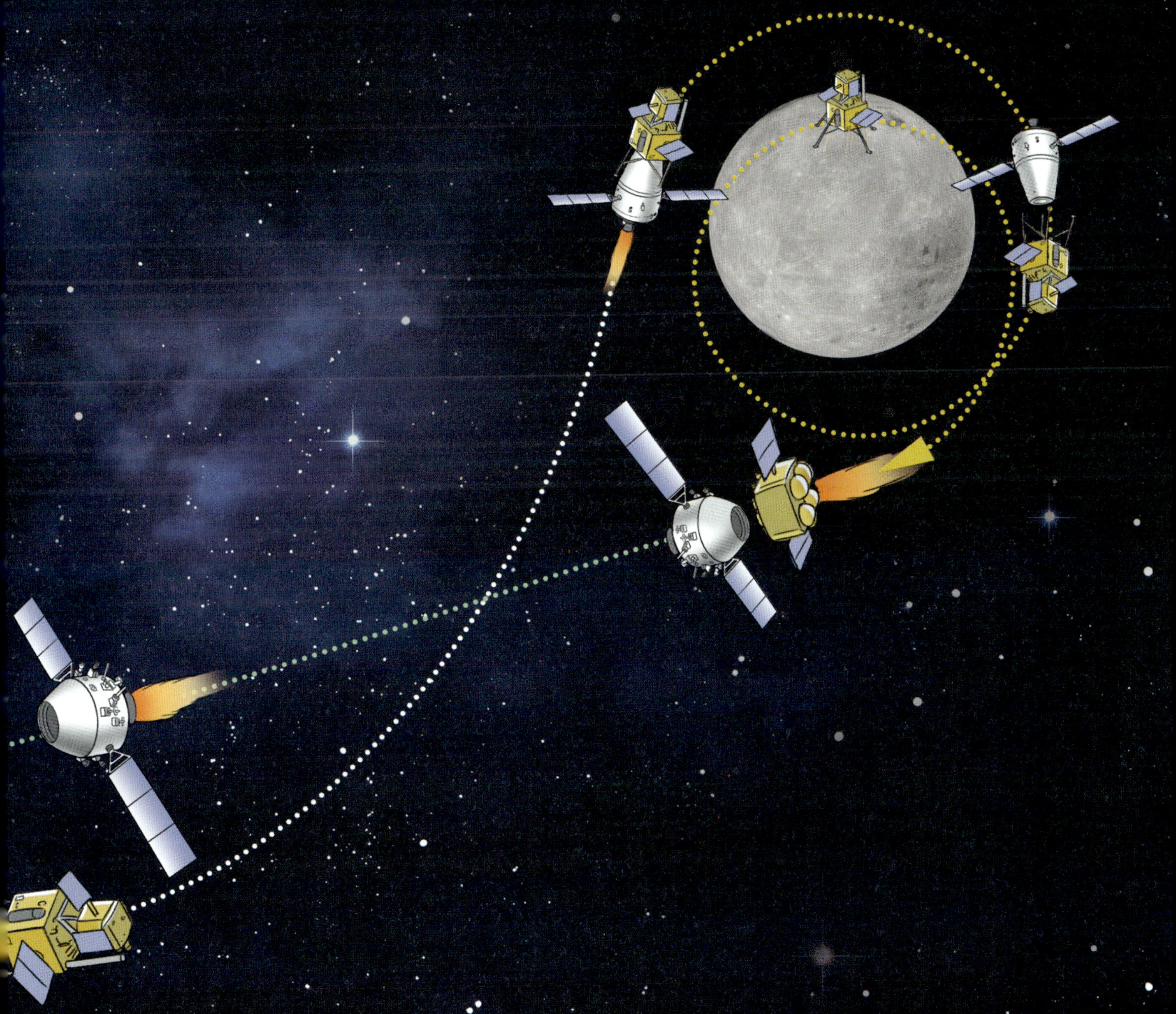

嫦娥五号探月过程示意图

嫦娥五号月球探测器由国家航天局组织实施研制，是中国首个实施无人月面取样返回的月球探测器。嫦娥五号任务是中国探月工程的第六次任务，也是中国航天最复杂、难度最大的任务之一，实现了中国首次月球无人采样返回，助力月球成因和演化历史等科学研究。

2009年，在探月二期工程实施的同时，为衔接探月工程一、二期，兼顾中国未来载人登月和深空探测发展，中国正式启动了探月三期工程的方案论证和预先研究。2011年，探月三期工程正式立项，任务目标是实现月面无人采样返回。该工程规划了2次正式任务和1次飞行试验任务，分别命名为嫦娥五号、嫦娥六号和嫦娥五号再入返回飞行试验。其中，嫦娥五号任务计划实现三大工程目标：

嫦娥五号任务实现三大工程目标：一是突破窄窗口多轨道装订发射、月面自动采样与封装、月面起飞、月球轨道交会对接、月球样品储存等关键技术，提升我国航天技术水平；二是实现我国首次地外天体自动采样返回，推动我国科学技术重大进步；三是完善探月工程体系，为我国未来开展载人登月与深空探测积累重要的人才、技术和物质基础。

可上九天揽月
CHN
CZ-5

嫦娥五号探测器总重8.2吨，由轨道器、返回器、着陆器、上升器四部分组成。嫦娥五号携带了多个科学载荷，主要包括降落相机、光学相机、月球矿物光谱分析仪、月壤气体分析仪、月壤结构探测仪、采样剖面测温仪、岩芯钻探机和机械取样器。

2020年11月24日，嫦娥五号探测器在海南文昌航天发射场发射，由长征五号运载火箭直接送入地月转移轨道。此后，探测器经历地月转移、近月制动、环月飞行、月面着陆、月面采样封装、月面起飞、月球轨道交会对接与样品转移、月地入射、月地转移和再入回收等飞行阶段，历时23天嫦娥五号返回器携带月球样品在内蒙古四子王旗预定区域安全着陆。其中，2020年12月1日23时11分，嫦娥五号探测器成功着陆在位于月球正面风暴洋的吕姆克山脉以北地区附近的预选着陆区。2020年12月4日，国家航天局公布了嫦娥五号探测器在月球表面展示国旗的照片，这是五星红旗第一次在月表动态展示。嫦娥五号任务带回重1 731克的月球样品，我国开始首次地外天体样品储存、分析和研究工作，并进行月球样品与科学数据应用研究。

嫦娥五号主要面对取样、上升、对接和高速再入等4个主要技术难题。同时，嫦娥五号的系统设计面临五大挑战。

（1）“分离面多”。相较于神舟飞船和嫦娥三号均只有2个部分需要分离，即2个分离面，嫦娥五号有5个分离面，这些分离面都必须“一次性成功”。

（2）“模式复杂”。探测器需要经历多个飞行阶段，还需要完成月面采样、月面

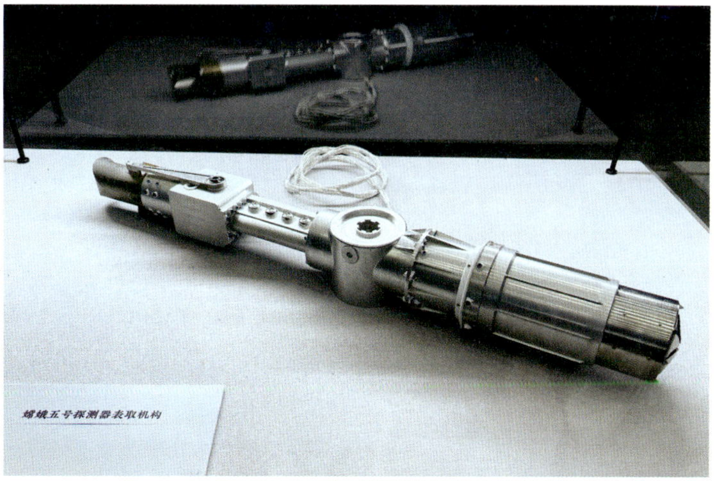

嫦娥五号探测器表取机构

1 中国国家博物馆展出的月球样品001号（北京，2021年3月）

2 嫦娥五号带回地球的月球样品（南京，2021年4月）

起飞上升、月球轨道交会对接和样品转移、地球大气高速再入返回着陆等关键环节，并且设计约束多。其中，上升器与轨道器需要在距离地球38万千米的月球轨道上完成对接，在这里无法借助卫星导航的帮助，需要依靠探测器自身实现交会对接。

（3）“细节严酷”。为获取月壤样品，嫦娥五号无人采样器将通过用采样钻头深入月球内部采样和用采样机械臂月球表面采样两种方法，再把样品转移到上升器，由上升器与轨道器对接，最终把样品转移到返回器，整个环节必须分毫不差。

（4）“温度控制”。月球表面白天温度约180℃，夜间约–150℃，昼夜温差约330℃。另外，上升器发动机点火瞬间达到上千摄氏度，如何避免烧毁上升器和着陆器，对研制团队提出挑战。

（5）“瘦身压力”。运载火箭的运载能力对嫦娥五号探测器的重量有严格的约束，一方面要尽可能对分系统进行“瘦身”，另一方面，因为备份产品较少，必须确保质量可靠。

嫦娥五号实现了中国开展航天活动以来的4个“首次”：首次在月球表面自动采样，首次从月面起飞，首次在38万千米以外的月球轨道上进行无人交会对接，首次带着月壤以接近第二宇宙速度返回地球。这是继苏联发射“月球24号”探测器之后时隔44年人类再次从月面带回月球样本。

嫦娥五号任务作为目前我国复杂度最高、技术跨度最大的航天系统工程，首次实现了我国地外天体采样返回。这是发挥新型举国体制优势攻坚克难取得的又一重大成就，标志着中国航天向前迈出的一大步，将为深化人类对月球成因和太阳系演化历史的科学认知做出贡献。秉持科技自立自强的决心、信心，我们会谱写出更加壮美的乐章。

华龙一号压水堆核电技术

具有完全自主知识产权的华龙一号百万千瓦级压水堆核电技术，是我国核电创新发展的重大标志性成果，也是实现核电"走出去"国家战略的"中国名片"。华龙一号全球首堆的商运，对优化我国能源结构、推动绿色低碳发展，助力碳达峰、实现碳中和目标实现具有重要意义。

中国自主核电品牌

华龙一号是由中国两大核电企业——中国核工业集团公司(简称中核，CNNC) 和中国广核集团（简称中广核，CGN）自20世纪80年代在通过消化、吸收引进技术的基础上，并借鉴福岛核事故经验反馈以及全球最新安全要求，自主设计、自主制造、自主建设和自主运营，具有完全自主知识产权的百万千瓦级压水堆核电技术，是我国核电创新发展的重大标志性成果，也是实现核电“走出去”国家战略的“中国名片”。

2013年4月25日，国家能源局主持召开了自主创新三代核电技术合作协调会，中核集团和中广核集团同意在前期两集团分别研发的ACP1000和ACPR1000的基础上，联合开发华龙一号。该型号采用单堆布置、双层安全壳、3个安全系列、157组燃料组件，以及我国拥有完全自主知识产权的数字化仪控系统（DCS）“和睦系统”，能动与非能动结合，满足国际原子能机构的安全要求，满足美国、欧洲三代技术标准，具有先进、经济、成熟、可靠的特点。

2014年8月22日，华龙一号总体技术方案通过国家能源局和国家核安全局联合组织的专家评审。专家组一致认为，华龙一号成熟性、

福清核电6号机组

华龙一号燃料组件

安全性和经济性满足三代核电技术要求，设计技术、设备制造和运行维护技术等领域的核心技术具有自主知识产权，是目前国内可以自主出口的核电机型，建议尽快启动示范工程。为此，两集团签署《关于自主三代百万千瓦核电技术华龙一号技术融合的协议》。国家相关部门同意依托中广核集团防城港核电站3、4号机组和中核集团福清5、6号机组建设华龙一号国内示范项目。

2015年5月7日，华龙一号首堆示范工程——中核集团福清核电站5号机组正式开工建设。

2020年11月27日，华龙一号全球首堆——中核集团福清核电5号机组首次并网成功。

2021年1月30日，华龙一号全球首堆——中核集团福清核电5号机组投入商业运行。

2021年5月21日，华龙一号海外首堆——巴基斯坦卡拉奇K2机组正式投入商业运行。

2022年1月1日，华龙一号中核集团福清核电6号机组首次并网成功，开始向电网送出第一度电，成为全球第三台、我国第二台华龙一号并网发电机组。

华龙一号全球首堆的商业运行，对优化我国能源结构、推动绿色低碳发展，助力碳达峰、实现碳中和目标实现具有重要意义。

华龙一号每台机组每年可发电近100亿度，能满足中等发达国家100万人口的生产和生活年度用电需求，同时相当于减少标准煤消耗312万吨、减少二氧化碳排放816万吨，相当于植树造林7 000多万棵。

华龙一号的成功让中国核电打破了国外核电技术的垄断和知识产权限制，实现了核电从跟跑到并跑的跨越。从此，我国核电技术水平和综合实力跻身世界第一方阵，成为继美国、法国、俄罗斯等国之后真正掌握三代核电技术的国家。

光量子计算机“九章”

“九章”牢固确立了我国在国际量子计算研究中的第一方阵地位。
《科学》杂志审稿人评价称“这是一个最先进的实验”和“一个重大成就”。

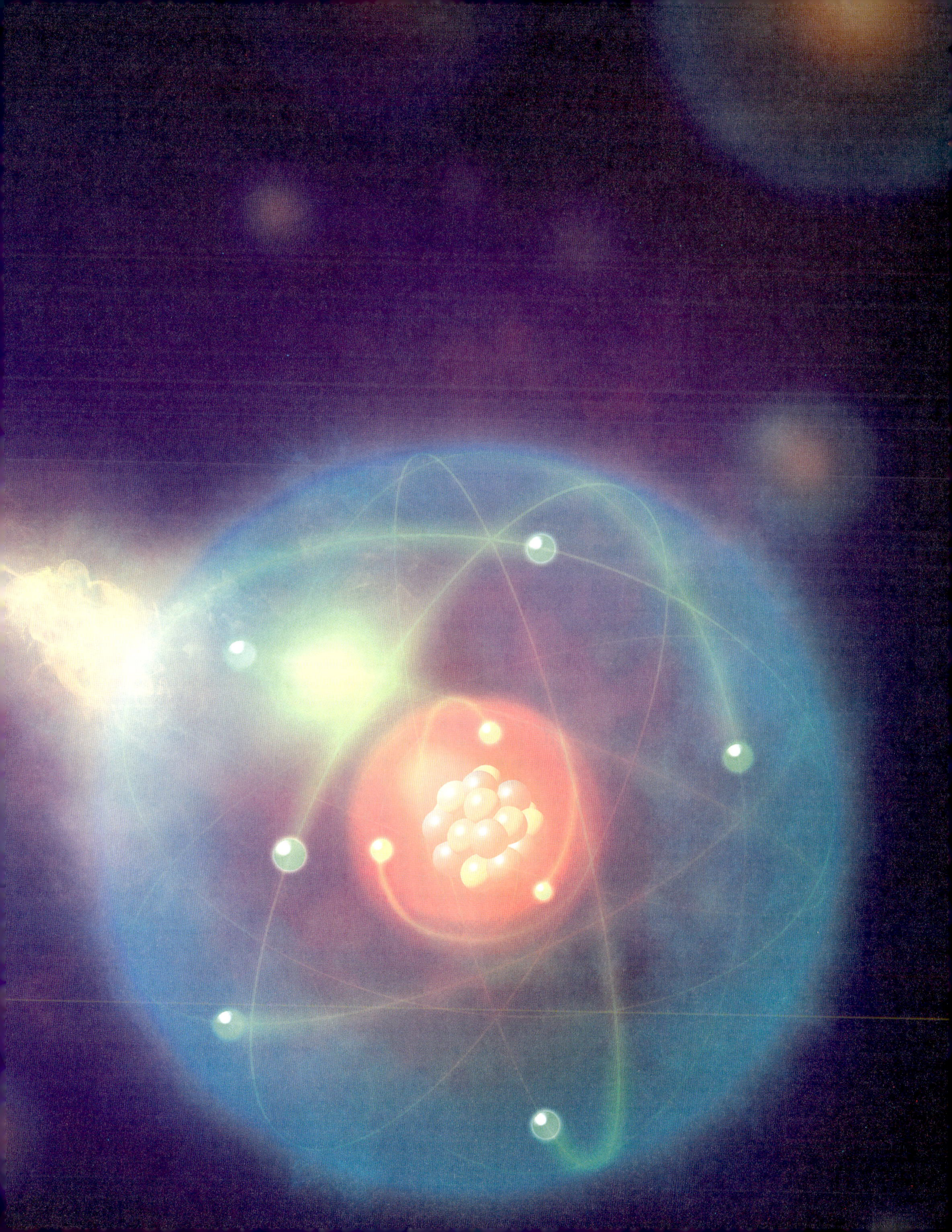

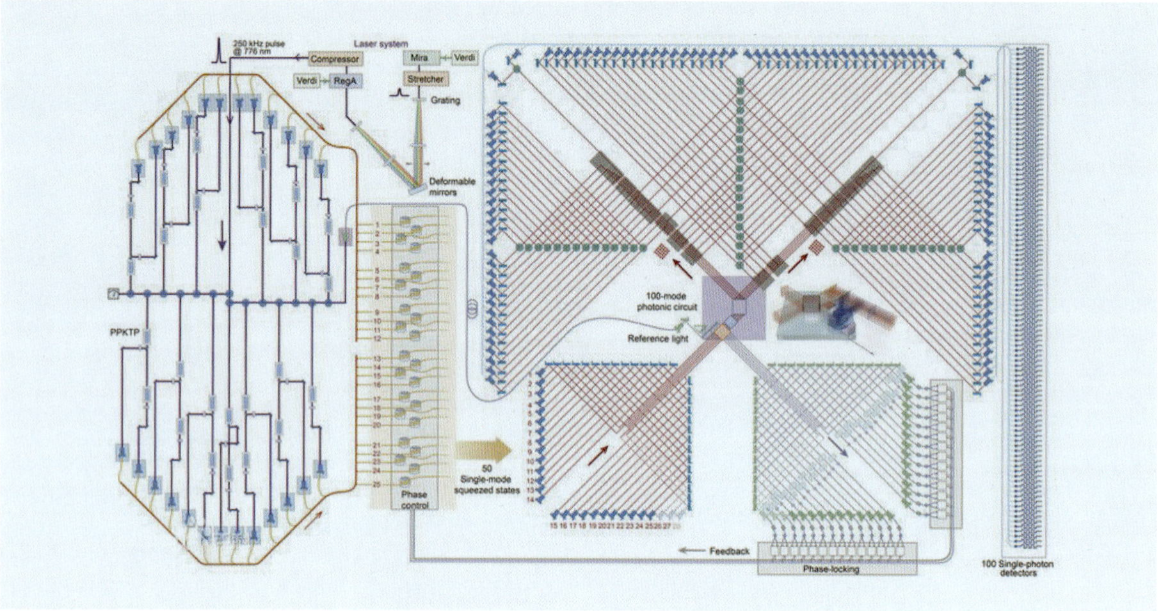

九章量子计算机原型机光路系统原理图

量子计算机（quantum computer）是一种基于量子理论而工作的计算机，其以量子态为记忆单元和信息储存形式，以量子动力学演化为信息传递与加工基础的量子通讯与量子计算，存储及处理用量子比特表示的信息，其元件的尺寸为原子或分子量级。

量子计算机与传统计算机的区别在于量子计算机拥有强大的量子信息处理能力。传统计算机信息的基本单位用0与1表示，量子计算机是用两个量子态｜0>和｜1>取代传统比特状态，以实现“既是1又是0”，多个纠缠在一起的量子比特能同时实现指数级别递增的运算威力。量子计算机利用量子力学的原理，可以允许一个物体同时处于多种状态，实行“并行计算”，其计算能力远超传统计算机。

量子计算机采用的是不可复制的量子原理，因此不会受到网络病毒攻击而泄露个人信息。而且由于量子计算机采用量子力学中的叠加原理，具有强大并行运算能力，理论上能够模拟任意自然系统，可以实现传统计算机无法完成的任务，因此在天气预报、药物研制、交通调度、保密通信等领域有着广泛的应用。

1981年，诺贝尔物理学奖获得者Richard Feynman在《利用计算机模拟物理学》的报告中提出了“量子计算机”的概念，其认为“量子计算机有可能模拟出经典计算机无法模拟的物理现象”。2002年，美国发布了第一版量子计算路线图。

2004年，中国科学技术大学潘建伟院士领导的研究小组首次展示了五光子纠缠。2020年，中国科学技术大学潘建伟院士、陆朝阳教授组成的研究小组在76个光子量子计算原型机——“九章”上完成了“高斯玻色采样”计算，求解数学算法高斯玻色取样只需200秒，计算速度要比超级计算机快100万亿倍，从而实现“量子计算优越性”。此次实验，也证明我国在光学量子计算方面仍保持国际领先水平。

我国的光量子计算机之所以取名“九章”，是因为纪念我国古代著名数学专著《九章算术》。“九章”使用的是光量子计算，和超导体系相比，它更容易实现常温操作。

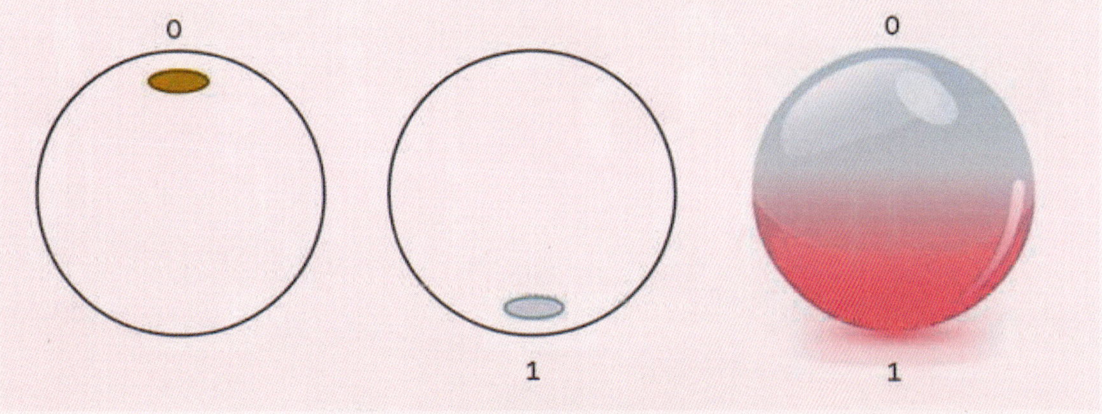

比特与量子比特对比示意图

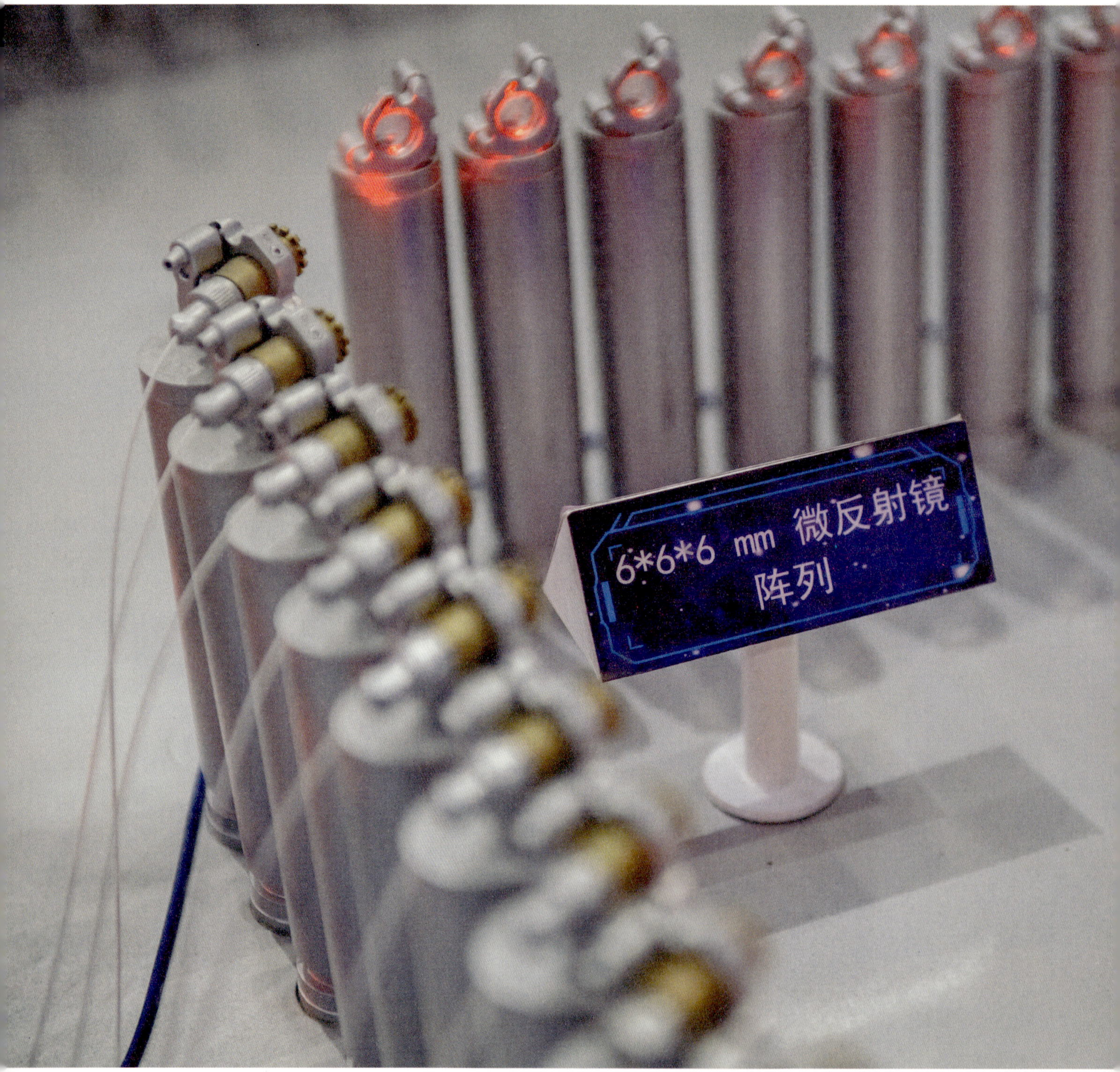
6*6*6 mm 微反射镜
阵列

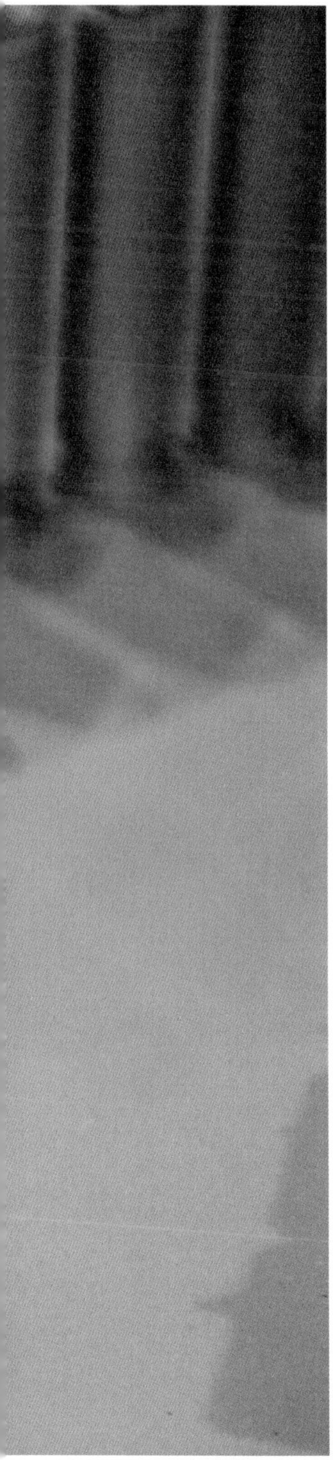

光量子计算通过光学逻辑门进行操作，主要通过光学偏振片实现，而超导方案则通过射频信号来实现；光学量子计算主要以光子的偏振自由度、角动量等作为量子比特的变化量测对象，而超导量子计算基于约瑟夫森结，可以是 flux 或者 charge 作为量子比特。

在室温条件下运行计算高斯玻色取样问题，“九章”处理5 000万个样本只需200秒，超级计算机需要6亿年；“九章”处理100亿个样本只需10小时，超级计算机需要1 200亿年，而宇宙诞生至今也不过约137亿年。“九章”输出量子态空间规模达到了 10^{30}，相比之下谷歌量子计算原型机“悬铃木”输出量子态空间规模是 10^{16}，优势十分明显，而且目前全世界的存储容量是 10^{22}。“九章”同时克服了谷歌基于“悬铃木”超导处理器的随机线路取样实验中量子优越性依赖于样本数量的漏洞。

基于“九章”的高斯玻色取样算法，未来将在图论、机器学习、量子化学等领域具有重要的潜在应用价值。

2021年，潘建伟院士团队在“九章”基础之上，又进行了一系列概念和技术创新。譬如，受激光——“受激辐射光放大”概念的启发，科研人员设计并实现了受激双模量子压缩光源，显著提高了量子光源的产率、品质和收集效率。再如，通过三维集成和收集光路的紧凑设计，多光子量子干涉线路增加到144维度。因此“九章二号”探测到的光子数增加了113个，输出量子态空间维度达到了 10^{43}。这极大提高了之前的量子优势。

海牛Ⅱ号海底大孔深保压取芯钻机

海牛Ⅱ号填补了我国海底钻探深度大于100米、具备保压取芯功能的深海海底钻机装备的空白，标志着我国在这一技术领域已达到世界领先水平。

海底钻机是开展海洋地质及环境科学研究、进行海洋矿产资源勘探和海底工程地质勘查所必备的海洋高技术装备。

海牛Ⅱ号是湖南科技大学万步炎教授领衔研发的我国首台海底大孔深保压取芯钻机系统。该系统是我国重点研发计划“深海关键技术与装备专项”课题，目标是研制作业水深不小于2 000米，钻探深度不小于200米，保压成功率不小于60%，可有效满足我国海底天然气水合物（可燃冰）资源勘探的海底大孔深保压取芯钻机系统。这一成果主要攻克了大孔深遥控全孔全程保压绳索取芯、“一键式”智能化作业与专家操作系统、大容量钻管存储与钻杆快速接卸、海底钻机安全可靠下放和回收等多项技术攻关难点。这些全新的技术显著提高了钻机钻探效率、取芯质量和保压成功率。与此同时，钻机重量比国外同类钻机更轻，大大降低了水下收放作业难度。

海牛Ⅱ号钻机本体高7.6米，腰围10米，体重12吨，水下重量10吨，是目前我国水下重量最大的地质勘探科考设备。这个钻机本体设置78根钻杆，每根长3米，像左轮手枪的子弹一样排列在圆盘之上。操作时，通过圆盘旋转，机械手取杆上膛，把钻杆钻进岩层。我国可燃冰储量丰富，现有技术对其取样和保存难度很大。海牛Ⅱ号采用了独创的岩芯管全长直接密封保压取芯原理，通过大孔深遥控全孔全程保压绳索取芯，能够实现一次入海连续多段取芯，并对每段岩芯全程保压，从而更好地保护可燃冰，避免其受外界大气压、温度等影响而快速气化等，成功地解决了技术难题。

2021年4月7日，海牛Ⅱ号在南海超2 000米深水成功下钻231米。这一深海试验的成功，填补了我国海底钻探深度大于100米、具备保压取芯功能的深海海底钻机装备的空白，标志着我国在这一技术领域已达到世界领先水平。海牛Ⅱ号成功作业，也代表了我国在深海探测装备、精密仪器、抗压材料、水文遥感等多个领域实现了全球领先。

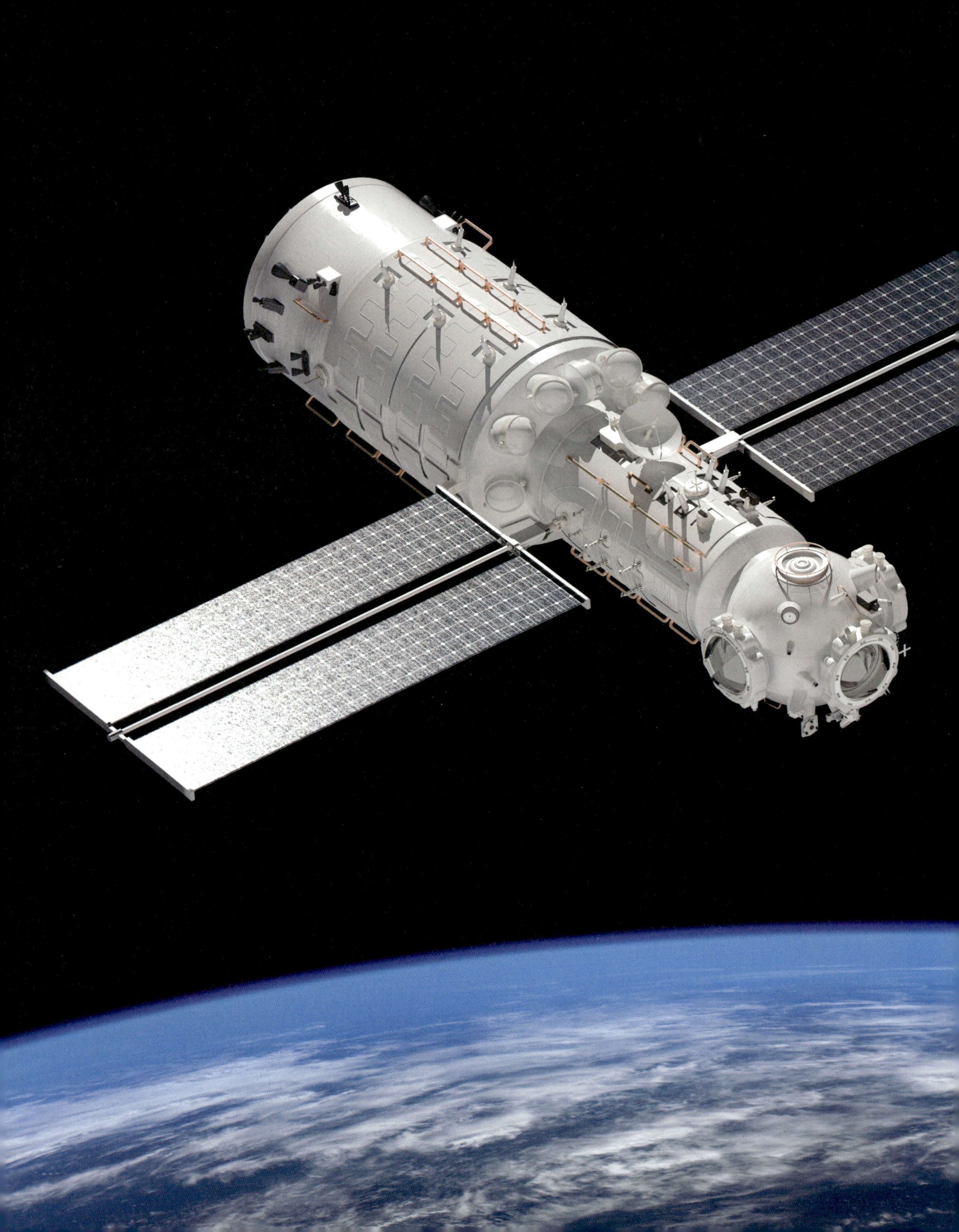

天和核心舱

“天和”核心舱是中国空间站“天宫”的组成部分，
其技术体现出“以人为本”的理念。

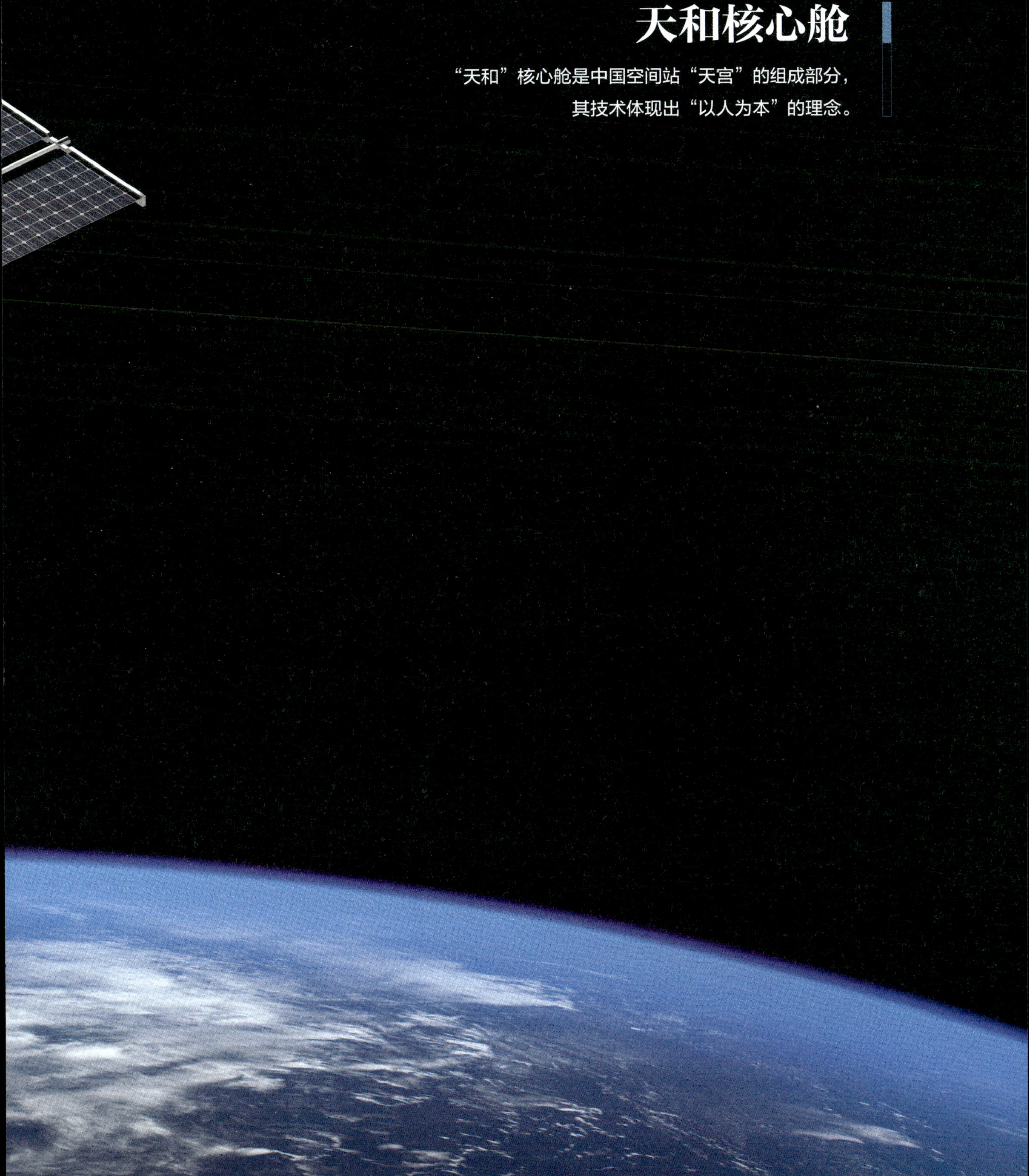

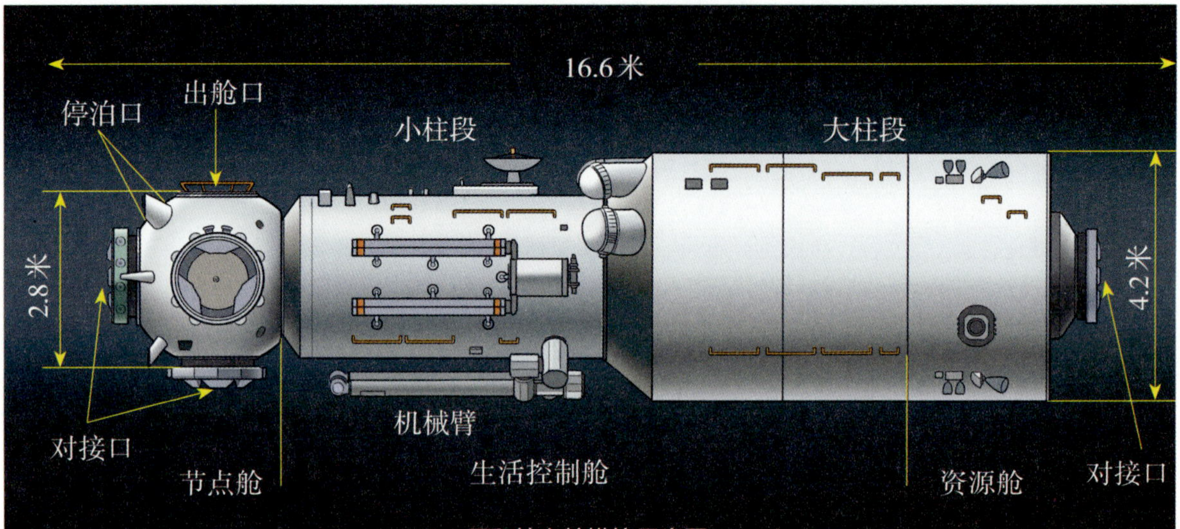

天和核心舱模块示意图

天和核心舱是中国空间站天宫的组成部分，主要用于空间站的控制和管理，具备长期自主飞行能力，能支持航天员长期驻留，还能支持开展航天医学和空间科学实验。天和核心舱可看作天宫空间站的“智慧大脑”和中枢，其他舱段都会安装或对接在它的接口上。核心舱包括节点舱、生活控制舱和资源舱三部分，有3个对接口和2个停泊口。停泊口用于问天舱、梦天舱与天和舱组装形成空间站组合体；对接口用于神舟飞船、天舟飞船及其他飞行器访问空间站，另有一个出舱口供航天员出舱活动。

天和核心舱全长约16.6米，最大直径约4.2米，发射质量22.5吨。核心舱太阳翼是基于柔性材料制备的，质地轻柔、长度长、面积大、具备在轨收拢功能。核心舱入轨后，具有国际领先水平的三结柔性砷化镓电池的太阳翼采用“三维五步展开方案”展开。待其完全展开，并在受晒率得到保证的前提下，能够保证供电能力。

2021年1月14日，中国空间站天和核心舱、天舟二号货运飞船等分别通过评审。

2021年4月29日11时23分，长征五号B遥二运载火箭搭载空间站天和核心舱，在海南文昌航天发射场发射升空。

2021年5月29日20时55分，天舟二号货运飞船在海南文昌发射场成功发射。

2021年5月30日，天舟二号货运飞船入轨后顺利完成入轨状态设置，于2021年5月30日5时01分，采用自主快速交会对接模式精准对接于天和核心舱后向端口，整个过程历时约8小时。

2021年6月17日8时48分，航天员聂海胜、刘伯明、汤洪波先后进入天和核心舱，标志着中国人首次进入自己的空间站。2021年10月16日9时58分，航天员翟志刚、王亚平、叶光富先后进入天和核心舱，中国空间站也迎来了第二个飞行乘组和首位女航天员。

2022年6月5日20时50分，航天员陈冬、刘洋、蔡旭哲依次全部进入天和核心舱。

2022年7月25日3时13分，问天实验舱成功对接于天和核心舱前向端口。这是我国两个20吨级航天器首次在轨实现交会对接，也是空间站有宇航员在轨驻留期间首次进行空间交会对接。梦天实验舱与天和核心舱对接之后，空间站三舱形成“T”字构型，并开始进行在轨测试等。

航天员聂海胜在天和核心舱内工作

神舟十二号、神舟十三号载人飞船

神舟十二号、神舟十三号载人飞船承担我国空间站关键技术验证阶段的飞行任务，意义重大。

中国航天
CZ-2F

神舟十二号载人飞船（简称“神十二”），是我国载人航天工程发射的第十二艘飞船，是空间站关键技术验证阶段第四次飞行任务，也是空间站阶段首次载人飞行任务。

天和核心舱组合体太阳能帆板（聂海胜 摄）

神舟十二号载人飞行任务有四大特点，将为后续空间站建造及应用发展奠定坚实基础，积累宝贵经验。

一是将进一步验证载人天地往返运输系统的功能性能。改进后的长征二号F遥十二运载火箭提高了可靠性和安全性。神舟十二号载人飞船新增了自主快速交会对接、径向交会对接和180天在轨停靠能力，改进了返回技术，进一步提高落点精度，还将首次启用载人飞船应急救援任务模式。

二是将全面验证航天员长期驻留保障技术。通过神舟十二号航天员乘组在轨工作生活3个月，考核验证再生生保、空间站物资补给、航天员健康管理等航天员长期太空飞行的各项保障技术。

三是将在轨验证航天员与机械臂共同完成出舱活动及舱外操作的能力。航天员将在机械臂的支持下，首次开展较长时间的出舱活动，进行舱外的设备安装、维修维护等操作作业。

四是将首次检验东风着陆场的搜索回收能力。着陆场从内蒙古四子王旗调整到东风着陆场，首次开启着陆场系统常态化应急待命搜救模式。

神舟十二号载人飞船实现了我国载人航天任务的5个“首次”：

首次实施载人飞船自主快速交会对接 神舟十二号载人飞船首次实施载人自主快速交会对接，在空间站不断调整姿态的配合下，神舟十二号载人飞船最快能实现发射后6.5小时与空间站对接。

首次实施绕飞空间站并与空间站径向交会 神舟十二号载人飞船的交会能力得到加强，具有更复杂的交会对接飞行模式，具备与空间站进行前向、后向、径向对接口对接和分离的功能。

首次实现在轨停靠3个月 为适应空间站复杂构型和姿态带来的复杂外热流条件，神舟团队对返回舱、推进发动机和贮箱等热控方案，以及船站并网供电方案进行了专项设计，使飞船具备了供电、热环境保障的适应性配套条件。

首次具备从不同高度轨道返回东风着陆场的能力

首次具备天地结合多重保证的应急救援能力 神舟十二号开创了天地结合的

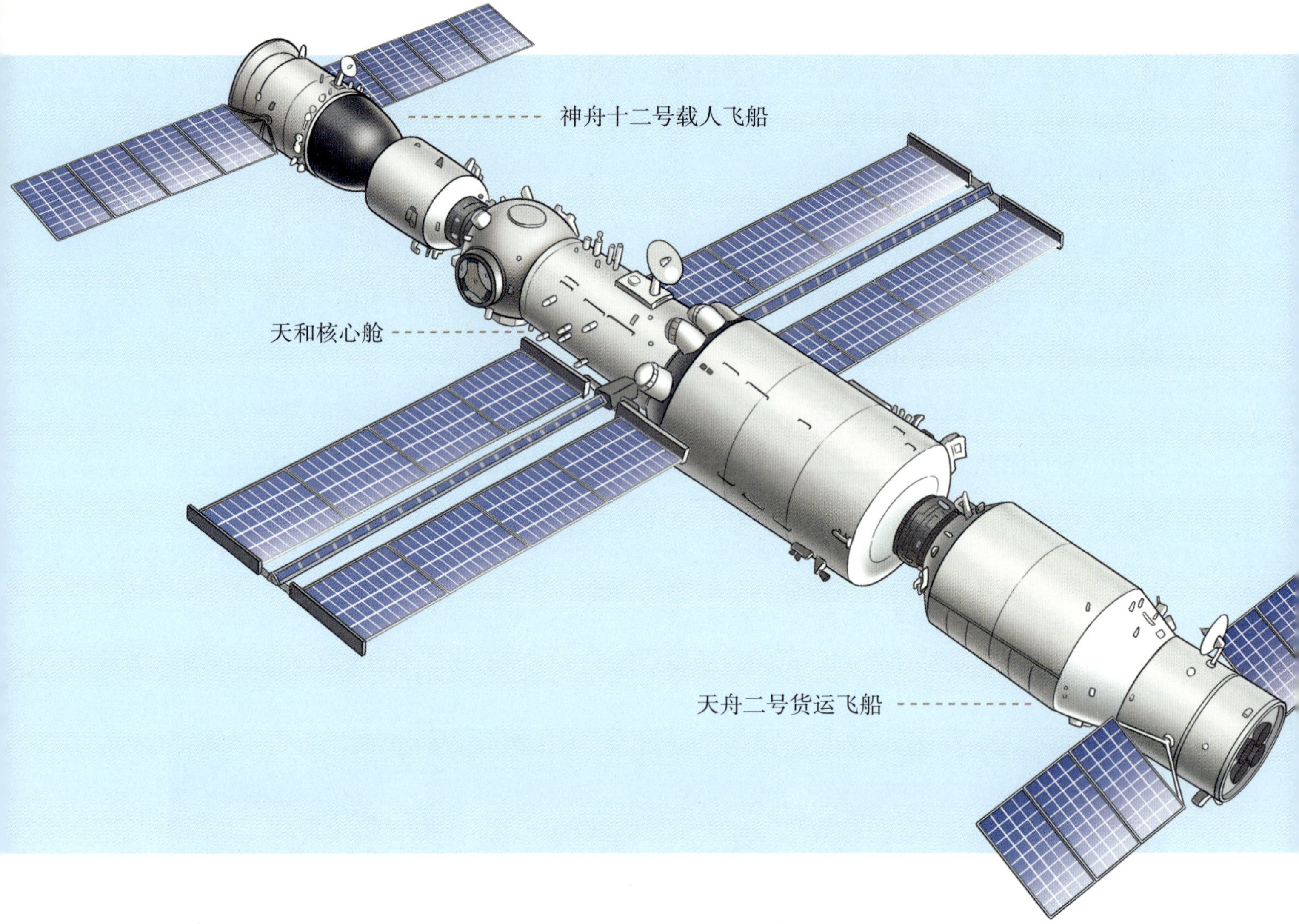

应急救援任务模式，即携带两艘飞船进场，由一艘飞船作为发射飞船的备份，作为遇到突发情况时航天员的“生命救援之舟”。

神舟十三号载人飞船（简称“神十三”），为中国载人航天工程发射的第十三艘飞船，是中国空间站关键技术验证阶段第六次飞行，也是该阶段最后一次飞行任务，按照计划部署，神舟十三号航天员乘组在轨驻留6个月。

2021年10月16日0时23分，搭载神舟十三号载人飞船的长征二号F遥十三运载火箭，在酒泉卫星发射中心按照预定时间精准点火发射，约582秒后，神舟十三号载人飞船与火箭成功分离，进入预定轨道，顺利将翟志刚、王亚平、叶光富3名航天员送入太空，飞行乘组状态良好，发射取得圆满成功。10月16日6时56分，神舟十三号采用自主快速交会对接模式成功对接于空间站天和核心舱径向端口，这是我国载人飞船在太空首次实施径向交会对接。

2021年11月7日18时51分，航天员翟志刚成功开启天和核心舱节点舱出舱舱门，20时28分，翟志刚、王亚平身着中国新一代飞天舱外航天服，先后从天和核心舱节点舱成功出舱。

继2013年6月20日神舟十号航天员在天宫一号空间实验室展示了失重环境下的物理现象后，在轨驻留期间，神舟十三号乘组航天员翟志刚、王亚平、叶光富进行

航天员王亚平从中国空间站核心舱出舱（上图）和“天宫课堂”上她展示冰墩墩（下图）

王亚平成为我国第一位在太空中执行出舱任务的女性宇航员，她迈出了中国女性舱外太空行走的第一步。

了“天宫课堂”第二课的授课。航天员们做了太空“冰雪”实验、液桥演示实验、油水分离实验、太空抛物实验等，深入浅出讲解实验现象背后的科学原理。这些都在孩子们心中种下了逐梦航天的一粒粒种子，正如王亚平所言“飞天梦，永不失重；科学梦，张力无限”。

这堂太空授课看似简单，做起来却需要强大航天技术的实力支持。譬如，授课时需要在天地之间进行稳定的信号传输，这就需要“天链”中继星、空间站、地面测控站密切配合，确保天地互动“不堵车”。由此显示出中国卫星跟踪与数据中继传输系统的超强能力。

2022年4月16日，神舟十三号载人飞船返回舱在东风着陆场成功着陆，神舟十三号载人飞行任务取得圆满成功。神舟十三号乘组是我国首次在轨驻留6个月时间的乘组。2022年6月5日，神舟十四号发射成功，乘组航天员陈东、刘洋、蔡旭哲进入天和核心舱，他们也将在轨工作生活6个月。这意味着我国离实现载人航天工程“三步走”发展战略越来越近了。

地球系统数值模拟装置实验室机房

地球系统数值模拟装置

地球系统数值模拟装置“把地球搬进实验室”，
助力碳达峰、碳中和愿景目标实现。

PUE1.2
15PFLOPS

大气圈、水圈、冰冻圈、岩石圈和生物圈等构成了地球系统，物质和能量就是在各圈层中循环的，各圈层之间相互联系、相互作用。比如，碳就是在大气、海洋、生物圈、陆地之间循环的。数值模拟是研究地球系统科学必不可少的研究方法，它的出现使得地球科学的研究成为一门“可实验”的科学。中国将建设的大装置包括地球系统模式数值模拟系统、区域高精度环境数值模拟系统、超级模拟支撑与管理系统、支撑数据库和资料同化及可视化系统、面向地球科学的高性能计算系统。

地球系统数值模拟装置是我国首个研制成功的地球系统数值模拟大科学装置，是我国首个具有自主知识产权，以地球系统各圈层数值模拟软件为核心，软、硬件协同设计，规模及综合技术水平位于世界前列的专用地球系统数值模拟装置。其主要用途是研究地球系统的大气圈、水圈、冰冻圈、岩石圈、生物圈等各圈层之间的相互联系、相互作用，并探究上述相互作用对地球系统整体和我国区域环境的影响；融合模拟与观测数据以提高预测的准确性，实现对地球系统复杂过程在中尺度分辨率的定量描述与模拟，为国家防灾减灾、应对气候变化、大气环境治理等重大问题提供科学支撑；也可推动地球系统科学不同学科之间的交叉和融合。

地球系统数值模拟装置核心软件是中国科学院大气物理研究所等经过长期科研攻关，自主研发的地球系统模式，具备地球表层各圈层的模拟能力，能够更全面地考虑地球系统的各种过程。装置的提前试运行，可有效地支撑科学研究工作的开展，加大对气候变化应对、碳达峰碳中和、防灾减灾、生态环境治理等国家战略需求的支撑力度。

2017年5月，地球系统数值模拟装置的项目建议书已获国家批准。2021年6月23日，“十二五”国家重大科技基础设施“地球系统数值模拟装置”在北京怀柔科学城落成启用。地球系统数值模拟装置是北京综合性国家科学中心首批部署的科学装置之一，装置的提前试运行可有效地助力科学中心的发展，支撑怀柔科学城建成原始创新策源地、高端人才聚集体。

海洋卫星运行想象图

海洋“双星”：海洋观测卫星组网

海洋“双星”填补了我国海洋水色卫星下午观测数据的空白，
大幅提高了我国海洋动力环境要素全球观测覆盖能力和时效性。

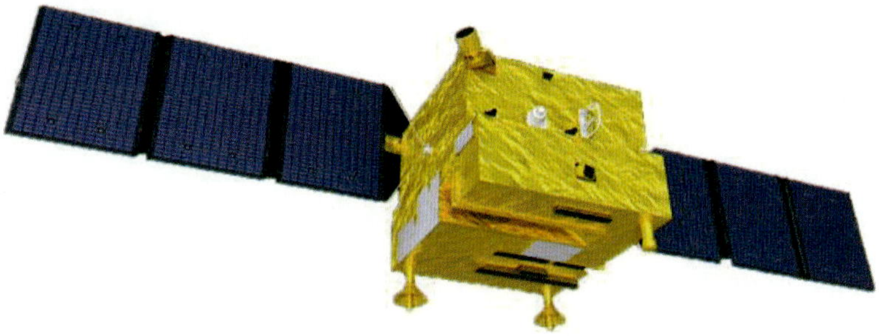

海洋一号A卫星模拟图

2002年5月15日，海洋一号A星成功升空，我国海洋卫星实现了零的突破，也开启了海洋一号卫星系列发展时代。作为具有试验性质的首颗海洋卫星，海洋一号A星获取了大量水色遥感探测数据，已完成了自己的使命。

2007年4月11日，我国第2颗海洋卫星——海洋一号B星成功入轨。海洋一号B星观测能力和探测精度得到提高，其实际在轨寿命达到9年零10个月。

2012年3月，国务院批复《陆海观测卫星业务发展规划（2011—2020年）》，正式拉开了我国民用空间基础设施中长期发展规划海洋业务卫星的序幕。随着A、B星退役，2018年9月7日，我国发射的海洋一号C卫星承担起海洋水色观测的使命。该星搭载了海洋水色水温扫描仪、海岸带成像仪、紫外成像仪、星上定标光谱仪、船舶自动识别系统五大载荷，实现了对全球海洋水色的长期、连续、稳定的探测。它还曾为我国第十次北极科学考察任务提供了观测数据，保障了科考任务的顺利完成。

海洋一号D卫星和海洋二号C卫星分别于2020年6月和9月发射，国家卫星海洋应用中心会同卫星、测控、地面、应用等各系统建设单位，在自然资源、生态环境、水利、农业农村、应急管理和气象等领域开展了行业应用测试，顺利完成全部在轨测试内容。2021年7月29日，海洋一号D卫星和海洋二号C卫星正式交付自然资源部投入业务化运行，这标志着我国海洋观测卫星组网业务化运行能力基本形成。

海洋一号D星采用了我国自主研发的CAST2000卫星平台，配置与海洋一号C星性能相同的5个有效载荷。其中，海洋水色水温扫描仪用于探测全球海洋水色要素和海面温度场，空间分辨率1.1千米，幅宽大于2 900千米，探测覆盖周期为1天；海岸带成像仪用于获取近岸水体环境、海岸带、江河湖泊生态环境信息，空间分辨率50米，幅宽大于950千米，探测覆盖周期为3天。

海洋“双星”进行上、下午组网观测，填补了我国海洋水色卫星下午观测数据的空白，大幅提高了全球海洋水色、海岸带资源与生态环境、大洋船舶位置的观测覆盖能力与观测时效。海洋“双星”已经在我国绿潮、浒苔、海上养殖、海冰、台风、溢油等预报监测工作中开展应用服务。

海洋二号C卫星与已在轨运行的海洋二号B卫星以及后续发射的海洋二号D卫星组成我国首个海洋动力环境卫星星座，大幅提高了我国海洋动力环境要素全球观测覆盖能力和时效性。卫星获取的海风、海浪、海流等海洋动力环境信息可进一步满足海洋业务需求并兼顾气象、减灾、水利等其他行业的应用需求，为国民经济建设和国防建设、海洋科学研究、全球气候变化提供实测数据，同时也在国际对地观测体系中发挥重要作用，为我国积极参与全球治理提供技术支撑。

除海洋一号、海洋二号系列卫星外，我国还发射了高分三号系列卫星。我国海洋卫星已经入了组网观测时代，形成对全球海域连续高频次观测覆盖能力。

海洋二号C星发射（2020年9月21日）

一氧化碳人工合成蛋白质技术与二氧化碳人工合成淀粉技术

人工合成蛋白质、合成淀粉，
具备完全中国自主知识产权，实现“从0到1”的突破。

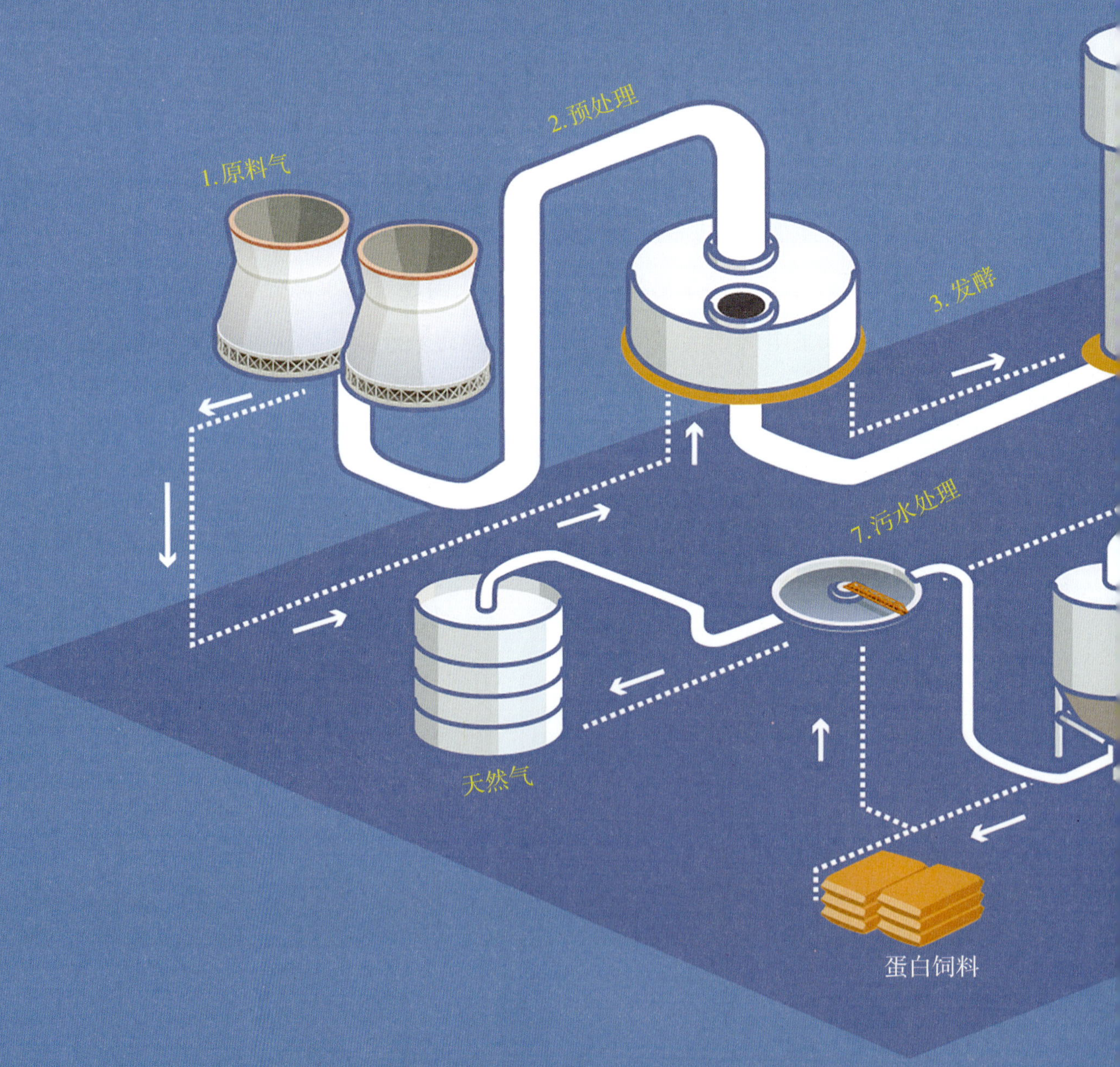

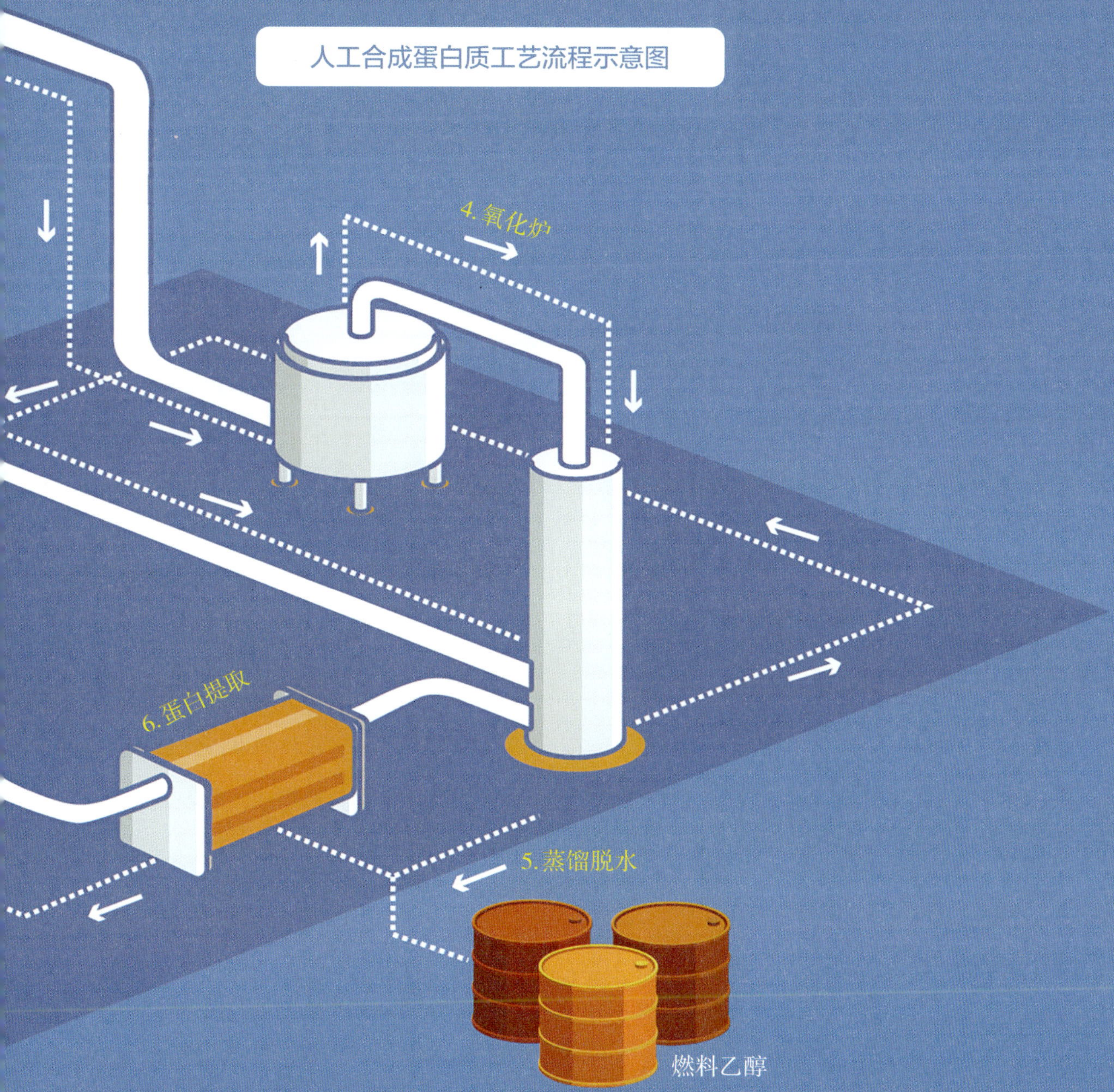
人工合成蛋白质工艺流程示意图
4. 氧化炉
6. 蛋白提取
5. 蒸馏脱水
燃料乙醇

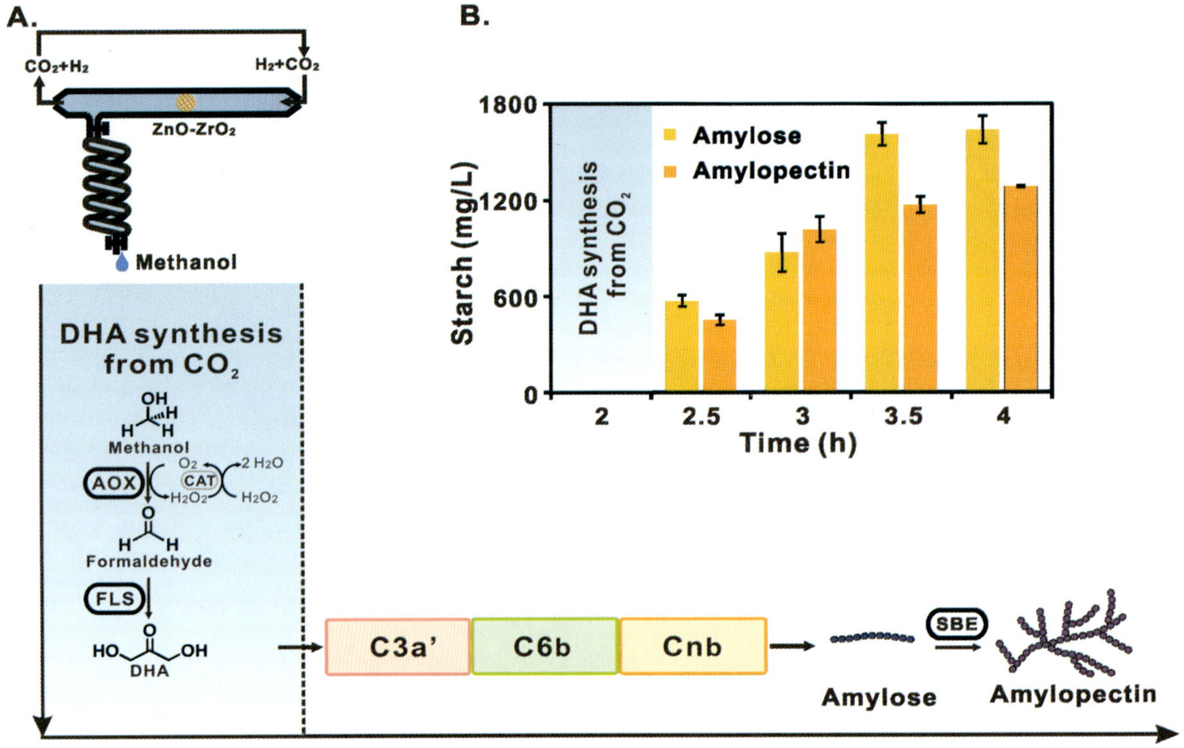

二氧化碳合成淀粉原理示意图

一氧化碳人工合成蛋白质技术

在人工条件下，利用天然存在的一氧化碳和氮源（氨）大规模生物合成蛋白质，长期以来被国际学术界认为是影响人类文明发展和对生命现象认知的革命性前沿科学技术。

2021年10月30日，中国农业科学院宣布在全球首次实现从一氧化碳到蛋白质的合成，并已形成万吨级工业产能。这一举突破了天然蛋白质植物合成的时空限制，为弥补我国农业最大短板——饲用蛋白对外依存度过高提供了国之利器，同时对促进国家“双碳”目标实现具有深远意义。

该项研究以含一氧化碳、二氧化碳的工业尾气和氨水为主要原料，“无中生有”制造新型饲料蛋白资源乙醇梭菌蛋白，将无机的氮和碳转化为有机的氮和碳，实现了“从0到1”的自主创新，具有完全自主知识产权。

蛋白质的合成实际上就是将生物的DNA转录到mRNA再生成蛋白质的过程。这是一个非常复杂的过程。天然合成蛋白质需要在植物体内或者植物体内具有固氮功能的特定微生物体内进行才行，它们会将光合作用形成碳水化合物的糖类，然后通过三羧酸循环途径以及多个复杂的生物转换与酶促反应，形成了蛋白质的组成部分——氨基酸，从而进一步合成蛋白质。这是生物一个非常复杂的遗传表达、生化合成等生命过程，在这一过程中物质和能量的转化效率都很低。在人工合成的条件下，蛋白质合成比天然合成的速度提高了几十倍。这意味着突破了时间和空间的界限，并以工业化的方式实现蛋白质的合成。

有专家认为，这项技术若能在国内所有钢铁、煤电、石化和煤加工企业中应用，将会是一场对碳循环、利用、捕集有效促进的碳革命，具有显著的经济、社会和生态效益，战略意义重大。

二氧化碳人工合成淀粉技术

2020年联合国五大机构发布《世界粮食安全和营养状况》，该报告指出，2019年，全世界有近7.5亿人面临重度粮食不安全，占世界总人口近十分之一。为了满足人们对粮食的巨大需求，科学家们把目光投向了提供全球80%以上热量摄入的淀粉。淀粉是粮食最主要的成分，同时也是重要的工业原料。

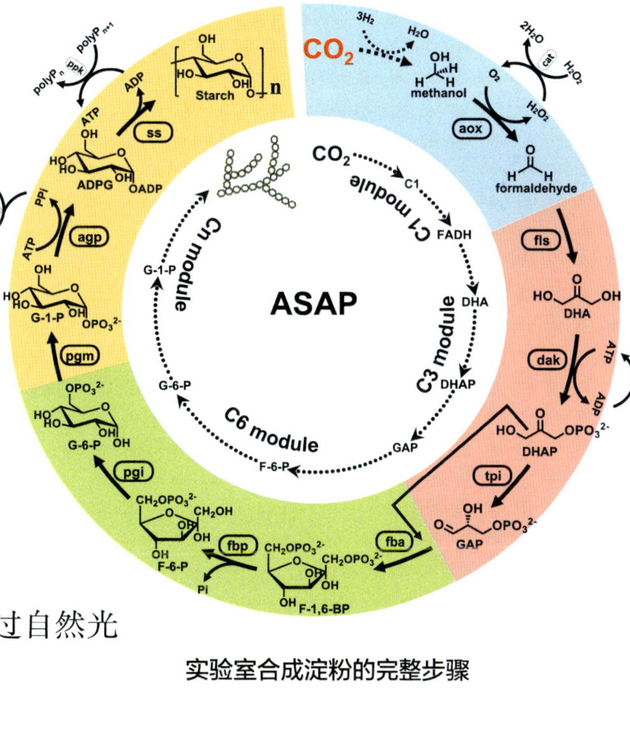

实验室合成淀粉的完整步骤

目前，淀粉主要由玉米等农作物通过自然光

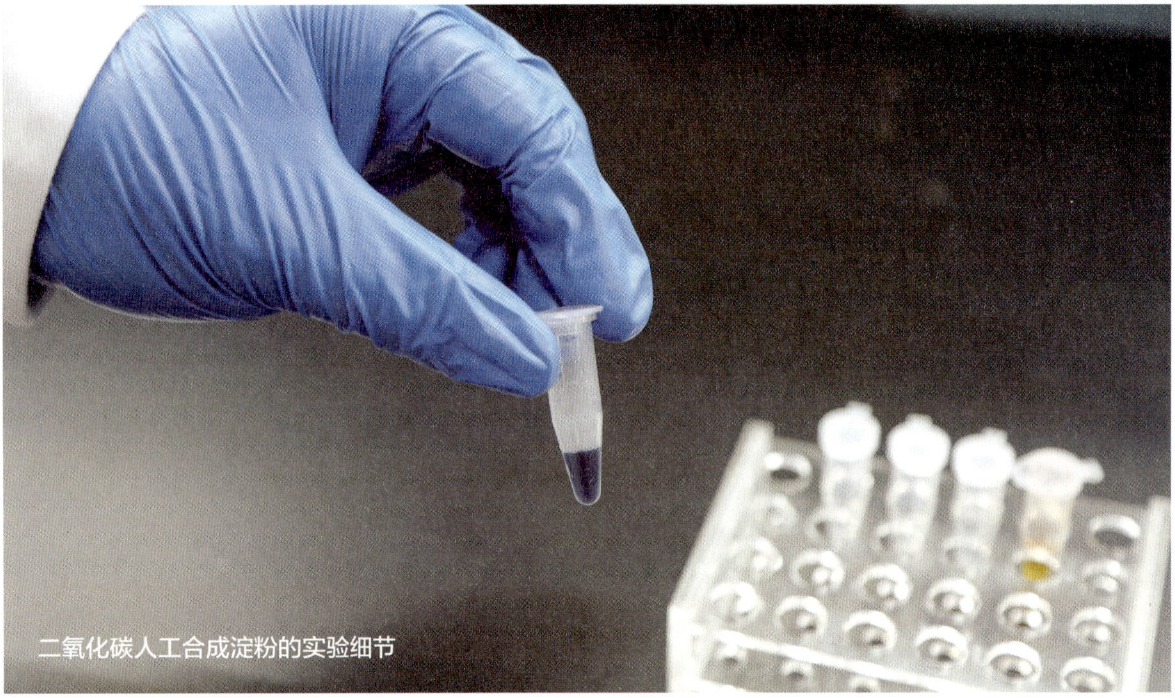

合作用固定二氧化碳生产，涉及约60步代谢反应以及复杂的生理调控，理论能量转化效率仅为2%左右。中国科学院天津工业生物技术研究所构建了一条只有11步主反应的人工合成淀粉新途径，在实验室中首次实现了从二氧化碳到淀粉分子的全合成。

马延和研究团队采用了一种类似“搭积木”的方式，联合中国科学院大连化学物理研究所，利用化学催化剂将高浓度二氧化碳在高密度氢能作用下还原成碳一化合物，再将碳一化合物聚合成碳三化合物，最后通过生物途径优化，将碳三化合物又聚合成碳六化合物，再进一步合成直链和支链淀粉。这种途径由11种核心反应组成，在一个具有时空隔离的化学酶系统中，在氢气的驱动下，以每毫克催化剂每分钟消耗22纳摩尔的二氧化碳来合成淀粉。

这一人工途径将约60步的代谢反应缩短为11步，淀粉合成速率是玉米淀粉合成速率的8.5倍，提高二氧化碳的转化速率和光能的利用效率，最终提升淀粉的生产效率，向设计自然、超越自然目标的实现迈进了一大步，为创建新功能的生物系统提供了新的科学基础。这一“从0到1”的重大原创性突破成果于2021年9月24日发表于国际权威学术期刊《科学》。

这一过程主要实现了以下三大突破。

从重新设计自然代谢途径开始，首先解决了途径计算设计中普遍存在的不适配难题，团队用计算机可以设计出很多条合成途径，通过各种模块的组装和适配，最终筛选出了符合条件的路径，跨越了从虚拟到现实的鸿沟,将自然淀粉复杂的合成过程简约至只有11步主要反应。

其次，突破了不同来源、不同遗传背景的生物酶之间热力学与动力学难以匹配的瓶颈，跨越了自然缓慢进化的鸿沟，超越了生物代谢途径亿万年的进化效果，淀粉合成速率大大提高。

最后，从二氧化碳到淀粉的人工合成，克服了化学和生物协同催化的障碍，实现利用高密度的电氢能合成淀粉分子，跨越了生化反应能量传递的鸿沟，理论能量转化效率是玉米的3.5倍。

得益于以上研究上的突破，二氧化碳到淀粉的碳转化速率和效率显著提升。按照目前技术参数推算，在能量供给充足的条件下，理论上1立方米大小的生物反应器年产淀粉量相当于5亩玉米的年产淀粉量（按我国玉米淀粉平均亩产量计算）。

这一成果使淀粉生产的传统农业种植模式向工业车间生产模式转变成为可能，并为二氧化碳原料合成复杂分子开辟了新的技术路线。如果未来该系统过程成本能够进一步降低，与农业种植相比具有经济可行性，将有可能节约90%以上的耕地和淡水资源，避免农药、化肥等对环境的负面影响，提高人类粮食安全水平，促进碳中和的生物经济发展，推动形成可持续的生物基社会。《科学》评审专家评价：“该项工作是一项里程碑式突破，将在下一代生物制造和农业生产中带来变革性影响。”

羲和号试验卫星

羲和号在轨试验成功，
实现了我国太阳探测零的突破，
标志着我国太空探测正式步入“探日”时代。

羲和为中国上古神话中的太阳女神与制定时历的女神，并以太阳母亲的形象为人们所认知。羲和号取义“效法羲和驭天马，志在长空牧群星”，象征中国对太阳探索的缘起与拓展。

2021年10月14日18时51分，羲和号搭乘长征二号丁运载火箭在太原卫星发射中心成功发射。

羲和号全称太阳Hα光谱探测与双超平台科学技术试验卫星，重508千克，设计寿命3年，运行于高度为517千米、倾角98度的太阳同步轨道，这一轨道经过地球的南北极，能够24小时连续对太阳进行观测。羲和号的主要科学载荷为太阳空

“羲和探日”想象图

间望远镜。Hα 是研究太阳活动在光球和色球响应时最好的谱线之一，通过对该谱线的数据分析，可获得太阳爆发时的大气温度、速度等物理量的变化，有助于研究太阳爆发的动力学过程和物理机制。作为卫星主要科学载荷的Ha光谱成像仪是太阳的专属“摄影师”。

羲和号卫星在轨运行期间，将观测太阳耀斑和日冕物质抛射的光球及色球表现，探究太阳爆发的源区动态特性和触发机制；同时探测太阳暗条形成和演化过程的色球表现，揭示其与太阳爆发的内在联系；此外，还将获取全日面Hα 波段多普勒速度分布，研究太阳低层大气动力学过程，为解决“太阳爆发由里及表能量传输全过程物理模型”等科学问题提供重要支撑。这相当于拿个放大镜看太阳活动的全过程。

羲和号的创新意义不仅仅体现在太阳探测方面。它采用国际首创的“双超”新技术卫星平台，实现了载荷在轨指向的超高精度和超高稳定度控制，比目前同等惯量的卫星平台提高了两个数量级，将推动我国高精度卫星平台技术跨越性发展。

羲和号采用“动静隔离非接触”总体设计新方法，卫星将平台舱与载荷舱物理隔离，阻断了平台舱微振动的传递路径；采用“载荷舱主动控制、平台舱从动控制”的主从协同控制解耦新方法，卫星实现了姿态指向精度、姿态稳定度大幅提升；采用磁浮作动器作为载荷舱的执行机构，具有高精度、大带宽、自身无干扰等特点，使载荷舱超高指向精度、超高稳定度控制性能实现突破；采用无线能源传输、无线通信、激光通信等实现两舱间能源与信息的可靠传输。作为给太阳拍照的摄影师，“双超”技术能让羲和号在举起相机时瞄得快，对得准，拍得稳。

羲和号在轨试验成功，是世界上首次将磁悬浮技术在航天器上进行工程应用，大幅提升我国空间观测技术水平，同时实现了我国太阳探测零的突破，标志着我国太空探测正式步入“探日”时代。

超导量子计算机祖冲之二号

九章二号和祖冲之二号的问世意味着我国量子计算机已进入2.0时代，
我国在量子计算领域的优越性再次增强。
这也使得我国成为目前唯一在两条技术路线（超导量子和光量子）上达到“量子优越性”里程碑的国家。

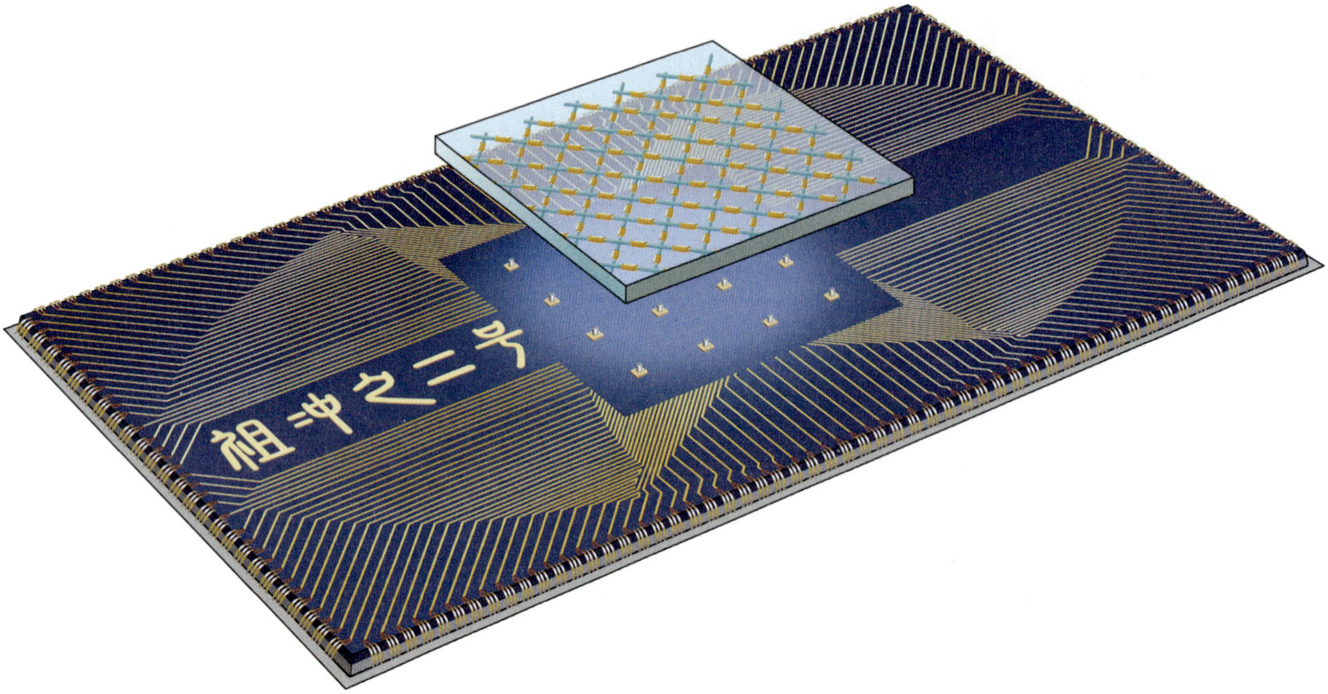

传统计算机使用0或1的比特来存储信息，量子计算机则以量子比特作为信息编码和存储的基本单元。围绕量子计算，许多国家的科研团队都在拿出自己的技术路径或技术方案，这种竞争自20世纪90年代就开始了。目前，主要有5个经过充分论证的方案正在竞争，分别是超导、离子阱、光量子、半导体量子点和冷原子。潘建伟团队的“九章”系列是光量子的技术路径，但这不是他们的唯一路径。

2021年10月26日，由中国科学技术大学潘建伟、朱晓波、陆朝阳等超导量子计算研究团队构建的66比特可编程超导量子计算原型机祖冲之二号，实现了对“量子随机线路取样”任务的快速求解，比当时最快的超级计算机快1 000万倍，计算复杂度比谷歌“悬铃木”高100万倍，使得中国首次在超导体系达到了“量子计算优越性”里程碑。这也是使我国成为唯一在两个物理体系中（超导量子和光量子）实现量子计算优越性的国家。

美国物理学会评价认为，中国科学技术大学研究团队在与谷歌、IBM等竞争中脱颖而出，提供了令人信服的实验论据，在他们的超导和光学量子计算机展示了卓越的量子计算优越性。

祖冲之二号量子计算优越性的成功演示，为量子纠错并进一步实现通用量子计算奠定了基础。其并行高保真度量子门操控能力和完全可编程能力，有望在特定领域找到有实用价值的应用，预期应用包括量子机器学习、量子化学、量子近似优化等。

另外，我国在超导量子计算方面虽然起步晚，但表现强势。而在半导体量子点计算机方面，郭光灿院士团队基于硅基半导体锗纳米线量子芯片研究取得了重要进展，其团队成员郭国平教授领衔推出了第二代硅基自旋二比特量子芯片。硅基自旋量子比特具有较长的量子退相干时间以及高操控保真度，有助于未来应用于量子计算机。此外，它能与现代半导体工艺相兼容，使大规模扩展量子计算机成为可能。

附录 中国古代重要科技发明创造

中华人民共和国万岁
界人民大团结万岁

后记

党的十八大以来，以习近平同志为核心的党中央把握世界发展大势，立足当前、着眼长远，把科技自立自强作为国家发展的战略支撑，推动实施科教兴国战略和创新驱动发展战略，坚定不移走中国特色自主创新道路，我国科技事业发生了历史性、整体性、格局性重大变化，成功进入创新型国家前列，走出了一条从人才强、科技强，到产业强、经济强、国家强的发展道路。

中科院科学传播局自成立以来高度重视重要创新成果、科研进展的公众传播工作，实施了“高端科研资源科普化”计划和“科学与中国”科学教育计划，打造科学传播国家队。科技史学科为公众理解科学、技术、经济、社会与文化的发展提供了独特的视角，其成果应当走进公众。2015年10月，在院传播局指导和支持下，中科院自然科学史研究所成立了科学传播研究中心，依托该中心开展了中国古代重要科技发明创造、中科院形象资源建设等重要研究工作，取得了良好的社会效益。

新时代以来的十年踔厉奋发，我国科技创新突破可谓硕果累累。有感于此，中科院科学传播局、中科院自然科学史研究所和山东科学技术出版社共同策划了本书，力图以图文并茂的形式向广大读者展现我国科技事业取得辉煌成就，传播科学思想和文化、科学家精神等。周德进局长阐释了本书的出版价值和意义，对图书内容和呈现形式提出了高站位、高标准的要求，亲自担任主编并组织稿件的撰写和图片的遴选。山东科学技术出版社赵猛社长从图书的策划到出版付出了大量心血，并亲自对书稿部分内容进行编校等。诸位前辈的创意和策划是本书能够成型的前提，而他们为之付出的努力更是本书能够以较高质量呈现的保障。笔者在此表示衷心的感谢。

本书得到各级出版部门的肯定和专家的大力支持有幸入选中宣部2022年度主题出版重点出版物，对笔者是极大的鞭策和激励。

周忠和院士阅过本书提出修改意见，并以感想为序以示推荐，在此表示感谢。

中科院科学传播局、中科院直属机关党委以及中科院多个研究所提供了学术资源和研究方面的大力支持，在此一并表示感谢。

山东科学技术出版社泰山基金办公室主任杨磊编辑多次赴中科院自然科学史研究所和作者团队一起推进该书的出版

工作，在本书的申报、编排、编校等过程付出了大量心血，在此表示特别感谢。美编侯宇女士在版式及封面上用力颇大，在此表示感谢。

本书所列40项重大科技创新突破成果仅是一小部分，非凡十年，不止于此。笔者作为科技史、科技战略、科学传播领域的研究人员是见证者、获益者，深受震撼，也有责任、有义务为我国科技事业取得的辉煌成就张本。于是参考了来自中国科学院相关院所、国内主流媒体的相关报道及相关出版物等编成本书。编者水平所限，恳请方家指正。